U0234626

气液两相流动噪声检测及特性研究

方立德 著

北京理工大学出版社
BEIJING INSTITUTE OF TECHNOLOGY PRESS

版权专有　侵权必究

图书在版编目（CIP）数据

气液两相流动噪声检测及特性研究／方立德著．－－
北京：北京理工大学出版社，2021.11
ISBN 978-7-5763-0676-7

Ⅰ．①气…　Ⅱ．①方…　Ⅲ．①气体—液体流动—两相
流动—噪声测量—研究　Ⅳ．①O359②TB53

中国版本图书馆 CIP 数据核字（2021）第 230151 号

出版发行／北京理工大学出版社有限责任公司

社　　　址／北京市海淀区中关村南大街 5 号

邮　　　编／100081

电　　　话／（010）68914775（总编室）

　　　　　　（010）82562903（教材售后服务热线）

　　　　　　（010）68944723（其他图书服务热线）

网　　　址／http://www.bitpress.com.cn

经　　　销／全国各地新华书店

印　　　刷／三河市华骏印务包装有限公司

开　　　本／787 毫米×1092 毫米　1/16

印　　　张／12　　　　　　　　　　　　　　　　　责任编辑／江　立

字　　　数／272 千字　　　　　　　　　　　　　　文案编辑／辛丽莉

版　　　次／2021 年 11 月第 1 版　2021 年 11 月第 1 次印刷　　责任校对／周瑞红

定　　　价／89.00 元　　　　　　　　　　　　　　责任印制／施胜娟

图书出现印装质量问题，请拨打售后服务热线，本社负责调换

PREFACE 前言

气液两相流广泛存在于石油、天然气等能源化工领域。气液两相流的研究是研究油气水三相流的基础。气液两相流包括常见的气水、油水、油气两相流。多相流的流动机理反映了多相流体在管道内部的流动状况，对于深入研究如何高效地进行远程管道的储运有着重要的意义。两相流是研究油气水三相流等多相流的基础，气液两相流动形态不仅对其流动性质和传质传热能力产生影响，还会伴随着特征各异的流动声信号的产生，这对两相流参数的检测具有较大影响。因此，分析两相流动的流动机理、流型过渡特性、流动声信号与流动形态之间的关联等对两相流测量、工业装置的优化设计及非常态下的实时动态监视具有重要的实用价值，而且对噪声控制、环境保护及社会发展具有重要意义。本书主要介绍了气液两相流动噪声的理论机理分析与流动噪声检测装置及两相流模拟装置，重点介绍了基于声发射技术的气液两相流动噪声的流动特性分析。

本书主要基于作者近几年来的研究成果，并适当吸纳了国内外声发射技术的基础知识撰写而成。全书以气液两相流流动噪声特性研究的理论基础、结构设计及改进以及测量参数优化特性为主线，介绍了适用于气液两相流测量的优点，在不同的气液两相流动状态下的流量测量模型及测量特性。首先，介绍了基于声发射技术的流动噪声产生原理、分析过程和基本构成以及流动噪声的定量分析方法。然后，阐述了在气液两相流动状态下，相含率检测装置设计和搭载声发射传感器的气液两相流双参数测量模型，并分析了各模型的测量误差及不确定度。

本书共分为五章：第一章由方立德撰写；第二章由方立德、曾巧巧撰写；第三章由方立德、张垚、李兴茹撰写；第四章由方立德、张子吟、付禄新、李超凡撰写；第五章由方立德、杨英昆、陈星彤撰写；方立德拟定了全书的大纲，且对全书进行了统稿。本书中的一些具体文字、图、表的完善得到了作者指导的研究生李超凡、宋亚净、刘苗苗、迟秋爽、魏芙蓉的大力协助。本书在撰写的过程中，还得到了李小亭教授的大力支持，在此表示感谢。

本书可作为高等学校流体力学、动力工程及工程热物理、仪器科学与技术等专业研究生的参考书，也可供从事石油、天然气、化工流体研究、气液两相流测量的技术人员使用。

本书涉及的研究工作得到了国家自然科学基金（62173122，61475041）的支持，特此致谢！

由于作者水平有限，书中可能存在不少缺点和错误，敬请广大读者批评指正。

方立德

目 录
CONTENTS

第一章　气液两相流动噪声检测及特性研究背景及意义 ················ 001

第一节　气液两相流研究的背景及意义 ······················· 001

一、气液两相流动普遍存在 ····························· 001

二、气液两相流动分类 ······························· 001

三、油气田生产工艺中的气液两相流动 ····················· 003

第二节　气液两相流动的复杂性 ··························· 011

一、流动截面变化 ································· 011

二、流动方程的封闭性 ······························· 013

第三节　气液两相流动的研究参数 ························· 014

一、运动参数 ·································· 014

二、相间作用力 ································· 014

三、状态参数温度、压力、截面、相含率、流量 ·················· 015

第四节　气液两相流动噪声研究现状 ························ 016

一、流动噪声研究现状 ······························· 016

二、声发射技术在流动噪声检测中的应用 ···················· 016

三、存在问题分析 ································ 036

参考文献 ····································· 036

第二章　流动噪声的理论机理分析 ························· 041

第一节　流动噪声基本概念及产生机理 ······················ 041

一、流动噪声基本概念 ······························· 041

二、流动噪声产生机理分析 ···························· 042

第二节　流动噪声基本方程 ··························· 045

一、流体流动方程 ·· 045

二、流动噪声数学模型推导 ·································· 051

第三节　流动噪声特性及影响因素 ·························· 052

一、流动噪声基本特性 ···································· 052

二、流动噪声影响因素分析 ································ 058

参考文献 ·· 058

第三章　流动噪声检测装置及气液两相流动模拟装置 ········· 060

第一节　流动噪声检测装置设计 ·························· 060

一、流动噪声检测装置优化设计 ···························· 060

二、传声材料及吸噪材料 ·································· 062

第二节　气液两相流动模拟与校准装置研制 ················ 062

一、流动噪声检测的实验装置（方案一） ···················· 062

二、流动噪声检测的实验装置（方案二） ···················· 065

三、流动噪声检测的实验装置（方案三） ···················· 065

第三节　流动噪声检测实验设计 ·························· 067

一、静态实验 ·· 067

二、动态实验及实验参数矩阵（方案一） ···················· 067

三、动态实验及实验参数矩阵（方案二） ···················· 070

四、动态实验及实验参数矩阵（方案三） ···················· 072

五、动态实验及实验参数矩阵（方案四） ···················· 073

六、动态实验及实验参数矩阵（方案五） ···················· 075

七、动态实验及实验参数矩阵（方案六） ···················· 076

参考文献 ·· 077

第四章　基于声发射技术的气液两相流动噪声特性研究 ······· 078

第一节　不同流动状态下的流动噪声信号特征 ·············· 078

一、动力源噪声信号特性 ·································· 078

二、静止状态噪声信号特性 ································ 080

三、单相液与两相流声发射信号时域特性分析 ················ 081

四、单相液与两相流声发射信号频域特性分析 ················ 083

五、单相液与两相流声发射信号 WVD 特性分析对比 ·········· 085

第二节　流动噪声信号分析技术 ·························· 086

一、时域分析方法及特征提取 ······························ 086

二、频域分析方法及特征提取 ······························ 091

三、小波变换分析方法及特征提取 ·························· 095

四、气液两相流噪声信号混沌特征分析 ······················ 100

　　五、动态测量不确定度及应用随机过程 ……………………………………… 105

第三节　流型识别 …………………………………………………………………… 108

　　一、方案一：时域分析 …………………………………………………………… 108

　　二、方案二：欧氏距离 …………………………………………………………… 109

　　三、方案三：聚类算法 …………………………………………………………… 111

　　四、方案四：高速摄像 …………………………………………………………… 112

　　五、方案五：关联维数 …………………………………………………………… 115

　　六、方案六：小波分析 …………………………………………………………… 117

　　七、方案七：希尔伯特分析 ……………………………………………………… 121

参考文献 ……………………………………………………………………………… 123

第五章　基于多孔节流装置的气液两相流动噪声检测及分相流量计量 …… 124

第一节　多孔节流装置设计及特性研究 ………………………………………… 124

　　一、多孔节流装置的应用现状 …………………………………………………… 124

　　二、用于流动噪声测试的多孔节流装置优化设计 ……………………………… 124

　　三、多孔节流装置的单相流动测量特性 ………………………………………… 129

第二节　流量测量模型（方案一）………………………………………………… 133

　　一、相含率测量模型建立 ………………………………………………………… 133

　　二、双参数测量系统设计 ………………………………………………………… 138

　　三、气液两相流测量过程参数 …………………………………………………… 141

　　四、气液两相流测量经验模型 …………………………………………………… 142

　　五、气液两相流测量结果分析 …………………………………………………… 144

第三节　流量测量模型（方案二）………………………………………………… 148

　　一、体积含气率的测量 …………………………………………………………… 148

　　二、时域信号特征参数提取 ……………………………………………………… 151

　　三、流动噪声频域特性分析 ……………………………………………………… 163

　　四、体积含气率模型的建立与分析 ……………………………………………… 179

　　五、气液两相流测量过程参数 …………………………………………………… 181

　　六、气液两相流测量经验模型 …………………………………………………… 181

　　七、气液两相流测量结果分析 …………………………………………………… 181

参考文献 ……………………………………………………………………………… 183

第一章

气液两相流动噪声检测及特性研究背景及意义

第一节 气液两相流研究的背景及意义

一、气液两相流动普遍存在

多相流广泛地存在于自然界中，而且与现代化的工业生产息息相关。就目前而言，多相流在许多行业中都有涉及，如石油、化工、环保，还有一些轻工业等，这些行业或者其在生产运行的设备中都会涉及两相流或多相流的流动工况。其中，气液两相流广泛存在于军事、工业、农业、石油化工和航空航天等领域，如锅炉、核反应堆蒸汽发生器等汽化装置，石油、天然气的管道输送，化学反应工程设备中的各种蒸发器、冷凝器、反应器、蒸馏塔、汽提塔，各式气液混合器、气液分离器和热交换器等，都广泛存在气液两相流与传质传热现象。

二、气液两相流动分类

不同的相之间有可能产生瞬时改变的交界面，由此出现众多复杂的流动形式，难以进行分析处理。而流动形态对后续分析流体特性扮演着决定性的角色，众多流动的参数要将具体流型考虑其中，即不同流型的特征参数也不尽相同。

管内气体与液体同时存在时，有些形式是以小尺寸的气泡在液体中均匀排布的，也有的是气相在液相中以大气团的方式分布。因此，为了更好地阐释两相流的流动特性，应首先把两相流的流型分析透彻，流型是深入分析两相流特性的基础。

垂直方向上管道不加热的条件下，若管道截面积不发生变化，则沿垂直管方向两相流有以下几种流型[1~2]，如表 1-1 所示。

表 1-1 上升垂直管流动形态

流型	描述
泡状流	泡状流型下气体相对于液体所占比例很小，在管中气相以分散相的形式存在，在流动的液相中可以看到夹带有断断续续的圆形小气泡。管道中轴位置处气泡数目较多，气相密度较大。流型伊始气泡很小，而在管段的后面部分气泡增多聚集，小气泡碰撞合并形成较大的气泡，如图 1-1 (a) 所示

续表

流型	描述
弹状流	弹状流常存在于管内低截面含气率或者较低流速的流体内,在流体的流动过程中,数目众多的小气泡聚集合并成为大气团,形成弹状流型,如图1-1(b)所示
乳沫状流	管内的气相比例比弹状流更大时,弹状流型消失,进而转变成乳沫状流,如图1-1(c)所示。此流型是由于气泡破裂而形成的,破裂后产生的细小气泡无规则地分散在液相中
环状流	当气体在流体中所占比例高于乳沫状流时,管内的气相不再以气泡的形式流动。此时,液体以小液滴的形式在管壁上流动,而气体成为连续相在管内中心位置流动,形成环状流,如图1-1(d)所示

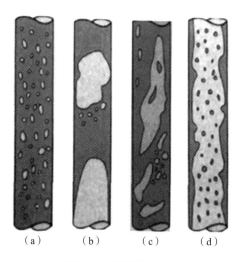

(a)　　　(b)　　　(c)　　　(d)

图1-1　垂直管道流动

水平管道流动状态下,常见的有以下几种流型[3~4],如表1-2所示。

表1-2　水平管流动形态

流型	描述
泡状流	与垂直管中的泡状流形态相似,差异在于由于存在密度差,气泡多集中在管道上方流动,而在下部液相多气相少,流体流速极大地影响了气泡的分布位置,流动由慢变快的过程中,气泡的分布逐渐变得均匀,如图1-2(a)所示
分层流	液相和气相均为低速流动时,会呈现一种由于重力分离效应气液明显分离的流型,如图1-2(b)所示。气相和液相分别位于管道的上部和下部,而在两相交界处会出现一个较明显的界面
波状流	此流型为分层流的下一阶段,气相的流速不断增加,破坏了分层流的稳定状态,在气液两相的接触位置会出现一个不稳定的分界面,并且伴随着流体的运动不断起伏,如图1-2(c)所示
环状流	与垂直状态下的环状流较为相似,不同之处在于液膜的厚度不均匀,由于重力作用,管道底部的比顶部的要厚,经常出现在气体流速较大的位置处,如图1-2(d)所示

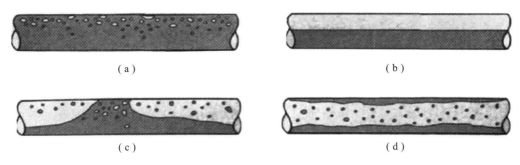

（a）　　　　　　　　　　　　　　　　　　（b）

（c）　　　　　　　　　　　　　　　　　　（d）

图 1 - 2　水平管道流动

三、油气田生产工艺中的气液两相流动

1. 油气田开发的基本形式

在国家和社会高度发展的过程中，能源在其中有着不可忽视的作用，而石油在其中又占有很大的比重。由于石油本身的性质，多相流与石油之间关系密切。石油工业的好多领域都会涉及多相流，如采油工程、油藏工程，以及运输油气方面和炼制石油方面。

在石油工业的发展过程中，多相流的研究已经在现代的石油工业以及各个交叉学科中变得很重要，随着石油科学和开采技术的发展，油田的开发方式也在不断进步。在 19 世纪后半叶和 20 世纪初，油田开发主要以消耗天然能量的方式进行。直到 20 世纪 30—40 年代，人工注水补充能量的开发方式才逐步发展起来，成为石油开发史上的重大突破。

1）利用天然能量开发

利用天然能量开发是一种传统的开发方式。其优点是投资少、成本低、投产快。此开发方式只需按照设计的生产井网钻井，无须增加采油设备，石油依靠油层自身的能量就可流到地面。因此，它仍是一种常用的开发方式。其缺点是天然能量作用的范围和时间有限，不能适应油田较高的采油速度及长期稳产的要求，最终采收率通常较低。

2）人工补充能量开发

把原油从地下开采出来依靠的是油层内的压力。油层压力就是驱油的动力。在驱油过程中要克服各种阻力，包括油层中细小孔道的阻力、井筒内液柱的重力和管壁摩擦阻力等。油层压力能够克服所有这些阻力，原油才能从地下喷至地面，生产才能正常运行。前面所介绍的依靠天然能量开采一般不能保持油层压力，油田不能长期高产、稳产和实现较高的采收率。在长期的油田开采实践中，人们找到了一种方法，就是人工向油层内注水、注气或注入其他溶剂，从而给油层输入外来能量以保持油层压力。对于具体油田，开发方式的选择原则是既要合理地利用天然能量又要有效地保持油藏能量，确保油田具有较高的采油速度和较长的稳定时间。为此，必须进行区域性的调查研究，了解整个水压系统的地质、水文地质特征和油藏本身的地质物理特征，即必须了解油田有无边水、底水，有无水源供给区，中间是否有断层遮挡和岩性变异现象，油藏有无气顶及气顶的大小等。

当通过预测及研究确定油田天然能量不足时，则考虑向油层注入水、气等驱替工作剂。石油开采时采用人工举升采油法中的注水法进行开采，获得的产物为油气水三元两相混合物，各分相流量和比例是监测油井运行状态和油气储集层动态特征的主要参数，准确计量这些参数可以带来可观的经济效益。根据这些参数，工程人员可以评估地表下油层内的石油储量及分布，从而及时对油层进行定位和控制、调整与优化油气田开发方案、合理安排生产、延长油井寿命、提高原油采收率。因此，不论是传统陆地油田还是海底油田，实时、准确地测量出油田单井中的气液相流量都具有十分重要的意义。油田一般采用卫星式计量站的方法，即通过管汇切换巡回检查每口油井，经计量分离器分离成各单相，再采用单相测量仪表获得各相组分的含量。

从井口采油树出来的石油主要是烃类混合物。天然气是低碳烃组分，在常温、常压下呈气态；原油是由分子量较大的高碳烃组成的，在常温、常压下呈液态，在油藏的高温、高压条件下天然气溶解在原油中。在石油从地下沿井筒向上流动和沿集输管道流动的过程中，随着压力的降低，溶解在液相中的气体不断析出，形成了气液混合物。为了满足立品计量、储存、销售、运输和使用的需要必须将它们分开，开采上来的油气大部分进入地面工程部分进行油气运输。油气将进行分相输送，天然气输送至天然气管道，油再经过脱水处理产生污水和原油。一部分油气回到油层提供能量来保持油层压力，如图1-3所示。

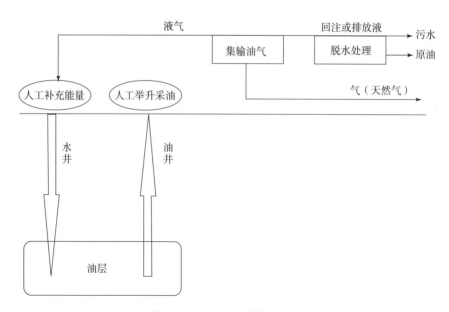

图1-3　油气田开发基本形式

2. 油田处理的主要工艺和设施

原油处理工艺应根据油、水、伴生气、砂、无机盐类等混合物的物理化学性质、含水率、产量等因素，通过分析研究和经济比较确定。原油汇集、处理和计量外输是原油处理工艺的三大主要组成部分。

1）原油汇集

在原油汇集管汇中，油气混合物沿集输管线流动，当油气比较高时管内流体流动极不均匀，呈所谓冲击流型（段塞流），即在管线某一固定截面上，有时气体流量占绝大部分，有时液体流量占主导地位，呈气、液交替流动状态，这种液段或气段的长度可达几十米，并伴随有强烈的压力波动。这使进入下游分离器的油气负荷很不均匀，并由于油气的激烈扰动使原油大量起泡，分离效果急剧下降，这时需在下游分离器前增加段塞流捕集器，预先进行气体处理。其中，段塞流捕集器的主要作用有两个：一是有足够的空间，使油、气得到充分的分离；二是起缓冲作用，使液相流量的冲击变为段塞流捕集器的液位变化，消除段塞流，以保证油、气处理装置平稳、均匀地进料。

2）原油处理

（1）原油处理流程的选择。

根据各油田油、水、伴生气的物理化学性质（密度、黏度、含蜡、含硫等）和砂、所含杂质、含水率、产量、油气比等的不同，所选用的原油处理流程以及处理设备各有差异。

（2）原油处理流程中的主要设备。

两相/三相分离器、加热器/换热器、电脱水/脱盐器、测试设备（计量分离器、流量计等）、泵类设备（离心泵/螺杆泵）、电仪设备（DCS/ESD系统）、检测设备（压力表/温度表及其变送器、液位计、液位变送器等）、压力罐（净化原油缓冲管等）、安全保护设备等。

（3）原油处理流程的特点。

①"三段式"处理流程。一级、二级、电脱/原油沉降舱；

②流程的自动化控制程度较高；

③密闭性操作；

④安全性高，能够应对应急事件的处理；

⑤流程处理效率高、设备小型化；

⑥设备密集、紧凑；

⑦流程中的备用设备较多，可实现长期的不停产运行。

3）原油计量外输

经处理后的合格原油，进储油舱储存，或经原油外输泵增压、计量装置计量后通过海底管线外输至储油终端。

3. 油气水分离技术

1）原油处理的最终目的

分离出油水混合液中的污水，污水进入污水处理系统。经处理后，油中含水可降至1%以内，以利于原油进一步净化和外销加工。分离出油水混合液中的伴生气，伴生气进伴生气处理系统，作为燃料或进入天然气处理厂进行深加工处理。经处理后，油中含气达到如下要求：分离质量 $K < 0.5$ cm/m³（气）；分离程度 $S \leqslant 0.05$ m/m³（液）；除去油水混合液中的砂等杂质。

2）脱气

原油中常含有溶解气，随着压力降低，溶于原油中的气体膨胀并析出。油气分离包括两方面的内容：一为使油气混合物形成一定比例和组成的液相和气相；二是把液相和气相用机械的方法分开。油气分离方式有三种：一次分离、连续分离（微分分离）和多级分离。

在实际生产中，油气分离既不是一次分离也不是连续分离，而是多级分离。由于储罐中的压力总是低于其进口管线压力，在储罐中总有天然气析出，因此常常把储罐作为多级分离的最后一级来对待，一个油气分离器和一个油罐组成二级分离，两个油气分离器和一个油罐组成三级分离，其余依次类推。图 1-4 所示是典型的三级油气分离流程示意。

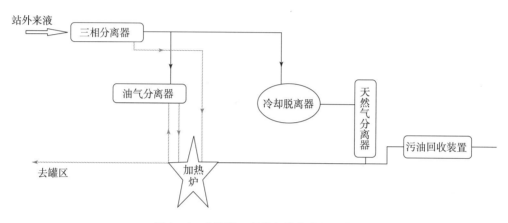

图 1-4　典型的三级油气分离流程示意

分离效果主要用最终原油销售量及原油密度来衡量，得到的原油越多，密度越小，分离效果越好。一般要求气中尽量不带油滴（把直径为 0.01 ~ 0.1 mm 的油滴都分离出来），同时要求油中尽量不含气体（一般 1 t 原油含气不应超过 1 m³）。

如上所述，多级分离有很多优点：

（1）多级分离所得到的原油效率高、密度小。二级分离和三级分离最终得到的液量分别比一级分离提高了 8.5% 和 9.1%，原油密度分别降低了 0.9% 和 1.1%。

（2）原油组成合理，蒸汽压低，蒸发损耗少，效果好。

（3）多级分离得到的天然气量少，重组分在气体中的比例小。采用一级分离时，大量的轻质汽油组分被白白地烧掉，使原油产品贬值；多级分离天然气处理成本低。

（4）多级分离能充分利用地层能量，减少输送成本。

多级分离时，级数越多，获得的原油量将越多，分离效果越好。但是，随着分离级数的增加，在储罐中得到的原油回收增量越来越少，而投资费用却大幅上升，经济效益下降。因此，分离级数不能过多。分离级数的选择原则是一般应根据油气物性和油井压力来合理选用分离级数：油气比较低的低压油田（依靠地层剩余压力进行油气分离时，压力低于 700 kPa），采用二级油气分离；中等原油密度、中到高气油比和中等井口压力（700 ~ 3 500 kPa）的油田，采用三级油气分离；井口压力高于 3 500 kPa，而原油密度低、气油比高时，可考虑采用四级油气分离。表 1 - 3 为分离级数的选择，高、中、低分别以 700 kPa、3 500 kPa 为界。

表 1 - 3　分离级数的选择

参考条件			选用分离级数
井口压力	原油密度	油气比	
低	高	低	二级
中	中	中	三级
高	低	高	四级

3）脱水

油、水分离的基本原理是破坏乳化液油水界面膜的稳定性，使其破裂，促进水颗粒凝聚成大水滴，使水从原油中沉降下来。图 1 - 5 所示为原油脱水净化流程。

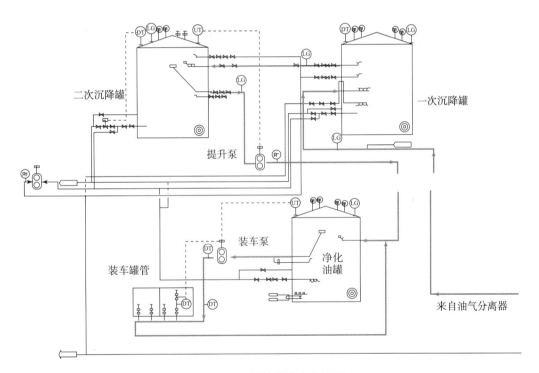

图 1 - 5　原油脱水净化流程

脱水方法有很多，例如：

（1）重力沉降。

重力沉降适合于处理松散的不稳定乳化液。油与水的密度差使水从油中沉降分离出来。由于水滴比它所置换体积的油重，因而有一个作用于它的向下的重力，与这重力相抗衡的是水滴向下运动穿过油而产生的阻力，当这两个力相等时，就会达到一个恒定的速度。由于水滴在原油中的下沉速度很慢，通常处于层流流态，因此常以斯托克斯公式表示水滴在原油中的匀速沉降速度。

两小水滴碰撞聚结的机会会随着停留时间的延长而增加，增加停留时间会提高脱水效果。

（2）加热沉降法。

各种不同含水原油的黏度与温度呈反比关系，通过加热可以起到很多作用，如降低原油的黏度，使水的沉降速度加快；削弱了油水界面的薄膜强度，使油水易于分离。原油温度的提高，增加了附在油水界面的各种不同含水原油的黏沥青、石蜡、胶质等乳化剂在原油中的溶解度，降低了水滴保护薄膜的机械强度，增加油水相对密度差，使水易于沉降。在同样加热升温的情况下，原油的体积膨胀系数大，原油相对密度变化比水大。

（3）热水冲洗法。

用大股热水冲洗含水原油，使原油中的小水珠互相碰撞聚结成大水珠，原油中的水也能和冲洗热水碰撞聚结成大水珠，这样有利于脱水，也有利于其他机械杂质沉降下来。

（4）化学破乳脱水法。

用破乳剂来破坏油水界面膜，降低乳化液的稳定性，促使内相水滴碰撞、合并、沉降分离，达到脱水的目的。

（5）粗粒化脱水法。

粗粒化脱水法是利用油水对固体物质亲和状况（润湿性）的不同来进行乳化液粗粒化脱水的方法。常用亲水憎油的固体物质制成各种脱水装置。用于油水分离的固体物质应满足下列基本要求：

①具有良好的润湿性，由于这种润湿性，油水混合物流经固体表面时，水滴附在固体表面上，在流体的剪切作用下，水滴界面膜破裂，水滴聚结；

②固体物质能长期使用，并对油、水不发生化学反应，对油、水性质无有害影响；

③固体物质货源充足，价格低廉。

（6）电场破乳脱水法。

在电场作用下，水分子产生定向排列，使两个水滴邻近的部分带有异性电荷，因而它们互相吸引而靠近，当靠得足够近时，它们之间的电位差使水滴的保护膜被击穿，两个小水滴就结合在一起。电场的电位越高，即电场梯度越大，水滴的凝聚作用也就越强。

（7）电化学联合破乳脱水法。

利用电场破乳脱水法与化学破乳脱水法共同进行。

4. 油气田现场生产计量

油气田现场计量的基本类型有以下三大类：

（1）安全参数：压力、温度、流量、液位（设备）；

（2）生产过程（动态控制）参数：压力（全环节）、温度（全环节）、流量（全环节）、液面（设备）、电参数（设备）、工况（油井和设备）；

（3）经济（产出）参数：产液量、产气量、含水、含砂、含油性（全分析和半分析）、水质和水性、其他（与开发阶段有关系）。

油气田现场生产计量的基本形式包括安全参数、生产过程参数基本使用各类就地或远传仪表计量；经济（产出）参数首先是油、气、水三相分离，然后使用专用设备计量产液量，使用气体流量计计量产气量；其他参数主要是采用现场取样 + 化验分析的方式进行计量。

产液量计量是石油生产现场最主要的日常工作之一。产液量计量（流量）装置按照计量原理可分为六大类，如表 1－4 所示。

表 1－4　产液量计量（流量）装置按照计量原理分类

计量装置	立式分离器、玻璃管/磁翻转液位计		称重式油井计量		示功图远传计量		两相分离仪表计量		三相分离仪表计量		质量流量计直接计量		合计	
	数量（套）	计量井数	数量（套）	计量井数	数量（套）	计量井数	数量（套）	计量井数	数量（套）	计量井数	数量（套）	计量井数	数量（套）	计量井数
合计	2 148	14 998	72	966	269	99	740	53	93	64	452	269	2 705	17 518
比例	79.4	85.6	2.7	5.5	9.9	3.7	4.2	2	0.5	3.1	2.6	1.5		

现场取样 + 化验分析也是石油生产现场最主要的日常工作之一。此项工作形式简单，可是意义重大，化验手段多样但难度很大，而且需投入大量人力、物力、财力。现场取样 + 化验分析工作涉及油田生产的基本环节，也涵盖了石油开发相关的大部分业务。

1）现场观测分析与应用

（1）产状分析。分析有无油、气、水、泥、沙、固等产出和目测产出物含量、外观、相态。初步判断地下油气藏的开发动态、油气水井以及地面设施设备的工况和措施效果。

（2）目标组分判识。不同油气藏类型及开发阶段、不同措施，有不同产出物组分特征；不同的设备设施（包括油气水井）在处理不同油气水组分条件下的响应是有区别的，既用于辅助判断，又用于验证分析结果。

（3）生产预警。当产出物、有效产出物的占比发生大幅波动或当产出物的产状发生较大变化，就会生产预警。石油装备性能参数在正常范围内是确保企业长期良性经营和安全环保生产的基础。

2）室内化验分析与应用

按照油气地球化学勘查技术规范与规程的要求，需对各项参数进行分析化验，包括水性分析、原油分析、砂样分析、水质分析和气分析。表 1－5 为各项参数分析表。

表 1-5　各项参数分析表

参数分析	水性分析	原油分析	砂样分析	水质分析	气分析
1	Na^+	运动黏度	砂样粒径分析	悬浮固体含量	组分分析
2	K^+	动力黏度	粒径中值分析	颗粒直径中值	硫化氢含量
3	Ca^{2+}	密度	砂样分布规律实验	含油量	
4	Mg^{2+}	凝固点		SRB 细菌	
5	Cl^-	含沙量		TGB 细菌	
6	HCO^{3-}	含水量		FB 细菌	
7	CO^{3-}	含硫量		溶解氧含量	
8	OH^-	含蜡量		硫含量	
9	SO^{4-}	胶质沥青		二氧化碳含量	
10	pH 值	馏程		总铁含量	
11	总矿化度	200 ℃馏出量		亚铁含量	
12	水型	300 ℃馏出量		三价铁含量	
13	Ba^{2+}	析蜡点		温度	
14	Sr^{2+}	倾点		平均腐蚀率	
15	NH^{4+}	流变性能			
16	F^-	动态结蜡率			
17	NO^{3-}	降凝模拟测试			
18		馏变性能测试			
19		防乳破乳			
20		黏温曲线			
21		原油四组分			

（1）特征性指标。

增产措施：防砂、酸化、压裂、化学剂吞吐、气体吞吐、蒸汽吞吐等；示踪剂找水。

提高采收率措施：化学驱、混相驱、微生物采油、蒸汽驱等。

（2）应用。

编制/调整/评价生产经营规划与方案：结合相关分析和研究，针对企业人、财、物、事四要素进行优化调整。

编制/调整/评价油气田开发规划与方案：结合相关分析和研究，进行新老油气田的产能建设、开发调整或弃置。

编制/调整/评价单元（地下、地上或具体某一项措施）方案与设计：结合部分直接或间接分析，控制、评价单元或措施效果，优化、改进单元或措施方案。

沿程生产/质量控制：对油水井、地面生产流程进行相关节点取样化验分析，确保油气水生产按照方案运行，达到设计要求。

3）工作量与运行成本构成

管理机构：油田（局级）设置技术监督处和技术质量监督中心，各二级（采油厂）设置技术质量监督中心，各三级（采油矿）建设符合防爆标准的化验室，配备专职计量化验员。

日常管理工作量（不含特征性指标）包括取样（放样/吊样）、送样、化验、设备清洗、样品与制剂处置和计量器具鉴定等。其中，采样对象包括采油井、注水井和各类常压罐等，送样是巡井车车辆送样或专车送样，化验自有化验室或外送化验（用于方案、设计时需要资质），设备清洗包括化验室、化验设备和车辆清洗，样品与制剂处置包括化验制剂的购置、运输、存放与处理、油水样及包装物的标准化处置。相关费用有投资和运行成本两项：需要对取样口（放样口）、化验设备、取样装置、防爆化验室与强制通风设备、消防装置和污油回收池等进行投资；运行成本包括劳保、防护装置、化验制剂购置、样桶、化验耗材、废物处置、检定费、维修费和人工与管理成本等。

4）现场取样+化验分析存在的问题及初步对策

现场取样+化验分析存在的问题包括由于油水流动规律复杂和流态复杂以及取样口安装不规范导致的误差大；受人为因素、地理环境和外部条件限制太多，各环节管理工作难以做到实时在线控制，难以快速决策；费率比低等。目前的初步对策是研制 NIR 计量技术，实现在线计量，数据远传，并对相关生产流程和管理环节进行信息化改造，这些工作都可以给工业的发展带来巨大的效益，对工业的发展具有重要的意义。在现代的工业发展中，能够对两相流以及三相流更有效、更高准确度地进行检测分析成为一个迫切需要解决的现实难题，也是一个国家在发展中需要考虑的热门问题。

第二节　气液两相流动的复杂性

一、流动截面变化

研究两相流动特性，需要从建立流场特性方程开始，用场特性方程关联必要的参数，由此达到对所需参数的求解，进而揭示其流动特性。由于两相流存在相间界面，在界面上便存在参数或特性的传递，因此，两相流基本方程比单相流基本方程数量要多，并且内涵复杂。尤其是气液两相流，界面本身就不稳定，由此造成各种流型的变化，反过来这些变化又影响特性函数及基本方程的变化。两相流基本方程目前仍处在研究发展阶段，无论是均相模型还是混合后的分相模型都没有反映出界面效应，不能用来研究流场中的局部特性，而只能研究流道的整体特性或流道的对外效果。气液两相流截面相分布与速度分布是进行理论研究、优化两相流动基本方程的关键基础。只有获得准确的微观分布参数的实验数据，才能完善气液两相流动的基本方程，进而对真实的流动过程进行建模、预测和控制。

1. 截面相分布

气液两相流中，气液两相有着多种多样的空间分布情况，两相可以是间歇地在空间上分布，可以是分层的空间分布形式，同时也可以是一相离散地分布在另一相之中。空间上两相间这些不同的分布形式对气液两相流产生很大的影响，如改变力学特性、传热特性以及传质特性等。相界面会随着气相、液相的流动不断地发生变化，通过相界面会发生热量、质量和动量的传递，同时也可能会发生不同程度上相的聚并。此外，气液两相流有多种流型，如环状流、泡状流、环雾状流等。即使两相入口参数相同，不同流型下截面处相的分布也有很大差异。

气液两相流流型及其转变特性的研究是气液两相流中摩擦阻力系数、传质传热系数、相含率、临界热负荷和流动不稳定性研究深入精确和数学化的先决条件，也是气液两相流领域从实验科学走向理论科学的前提。鉴于气液两相流动的复杂性，流型及其转变问题与两相流量、流体的物性参数、管道几何尺寸形状等密切相关。因此气液两相流流型研究至今还是以实验测试技术为主要研究手段，通过目视观察或借助技术手段测量，得出预测流型图或半经验关系式，其主要方法有信号特征分析法、层析成像法、高速摄影法等前处理方法以及小波分析法、神经网络法机器学习等后处理方法。

气液两相环状流动中气相在管道中心流动，而液膜顺着管壁流动，形成连续的环状薄膜，其广泛存在于化工换热设备中，如膜式蒸发器、垂直膜式冷凝器、膜式气液反应器、填充塔等。液膜的厚度、周向分布等参数对于换热效率具有重要意义。在蒸发冷凝设备中，液膜的干涸是传热恶化的重要标志。在热流控制领域，液膜的干涸会导致核反应堆的壁温发生大幅波动，造成设备损坏甚至酿成重大事故，还会导致炼油用加热炉温度剧增、过度结垢、结焦。

瞬时液膜厚度的测量是计算持液率的基础，持液率是研究气液两相流界面波动的基础，界面波是计算两相流流体动力学的基础，对流体的传质传热、摩阻压降以及阻力特性有很大影响。界面波具有变化快以及影响因素复杂的特点，准确测量与分析液膜厚度为描述界面波特性提供依据。因此，环状流液膜结构的变化以及其动态特性往往更加随机、更加快速、更加复杂，液膜厚度沿管壁周向的分布也并不对称，所以如何测量并得到液膜厚度的实时数据是当前研究的重点。

另外，泡状流是气液两相流中一种重要的流型，广泛地出现在化工鼓泡器和流化床等设备中。泡状流气相空泡份额或气相体积分数的分布会极大地影响两相间的传质传热过程，进而影响设备的整体运行效率。只有通过对气泡尺寸、运动速度、含气率、融合速率、破碎速率等流动参数的测量，在空间上实现对整个泡状流流场的结构重现，进而研究结构的变化过程，对引起结构变化的因素进行分析，才能更好地进行流动的分析与控制。

2. 速度分布

气液两相流中，两相物质不同的物理、化学性质以及相间界面的表面现象都会对两相流的流动状况产生影响，两相间相对速度同样会引起流动状况的改变。与传统单相流体不同，两相流的流速相对复杂，气相速度与液相速度之间存在滑移比，因此平均流速，即气相速度和液相速度的平均值，不能完整地反映两相流流体流动状况。为了更好地进行科学研究，也为了方便实际工程应用，科研工作者们定义了一种假想流速——折算流速。其物理意义是假定该分相流体充满管道流动所具有的流速，数值以分相流量与管道截面积的比值来表示。值得注意的是，折算速度与真实流速并不相等，真实流速是折算速度与截面含气率的比值。滑移比的存在也使气相速度与液相速度存在一定差别，其值与管道状况、管径大小和流体流型等有着重要联系。因此，需要准确测量气液两相流微观速度分布。

二、流动方程的封闭性

截面含气率是气液两相流重要的特性参数之一，是计算两相流分相流量、平均密度、流体压力梯度以及分析两相介质流动状态的重要依据。准确获取气液两相流的截面含气率是构建气液两相流流量测量模型的关键，有利于认清气液两相流的本质、探究其基本规律。此外，截面含气率的准确测量对存在气液两相流体生产过程的运行状态、实时监控、安全管理、节能减排、安全运行及日常维护等都是不可或缺的。

现有的截面含气率模型大致可以分成四种类型，分别是滑速比模型（Slip ratio correlation）、均相流模型（Homogeneous flow correlation）、漂移流模型（Drift flux correlation）和通用参数拟合模型（General correlation）。2007 年，M. A. Woldesemayat 针对上述四类截面含气率预测模型的适用性与准确性，比对了 68 种预测模型，并针对其适用的工况条件做了系统的总结与论述。主要结论为现有模型多依赖于入口参数，不同的模型在不同的工况条件及数据库中的表现差异较大，最优模型的误差也在 ±15% 左右，同时没有一个模型能够适用于所有的实验数据库，其主要原因在于模型中的参数选择和系数确定与实验技术手段紧密相关。目前常见的截面含气率测量方法有快关阀法、射线法、微波法、光学法、差压法和层析成像法等。上述方法各有其优缺点，加上气液两相流动的复杂性导致截面含气率实验测定难度大，并且缺少必要的溯源和量值传递系统，使用于模型数据的精确性和可靠性难以保证。

总体来说，两相流体动力学的理论还不是很成熟，很多方面仍停留在不同传统行业中特定条件下的经验总结中，都依赖于经验数据，而且数据的分散性还很大。由于气液两相流是一种三维黏性流动，对其精确求解还存在很大的困难，目前常利用简化后的模型（如均相流模型、分相流模型、漂移流模型和双流体模型）对两相流进行研究。但由于两相界面的复杂性无法得到封闭方程组，因此不得不依赖由实验数据得到的经验公式来封闭方程组，这就给计算结果带来很大的局限性。目前，由于许多气液两相流动的现象、机理和过程无法通过理论公式推导获得，许多工程设计都只能依靠大量观察和测量建立起来的经验关系式，实验研究与测量在两相流领域仍占据着无可替代的首要地位。因此深入开展气液两相流截面分布特性参数测量仪器研究，建立具有高可靠性、高准确度的量值传递与溯源装置是气液两相流理论研究与实验研究的首要基础性工作。由上述分析可见，气液两相流研究中存在的主要矛盾体现在两个方面：一方面理论研究进展缓慢，由于没有准确的微观分布参数实验数据支撑，气液两相流动基本方程不能完善，仍以实验获取经验公式为主；另一方面，应用需求十分迫切，由于没有准确的宏观截面含气率实验溯源数据，气液两相流不分离测量方法准确性不能验证，从而导致应用研究成果还不能适应现场。究其原因是在实验室研究中，对决定气液两相流运动变化的宏观及微观的关键参数（微观上，气液两相流截面相分布、截面速度分布，宏观上的截面含气率及滑差等）不能准确测量及溯源，而这些参数正是进行理论研究，优化两相流动基本方程的关键基础；同时也是现场应用研究中，气液两相流不分离计量技术研究的重要基础。

第三节 气液两相流动的研究参数

一、运动参数

气液两相流是一种典型的流动现象，其工程应用效果很大程度上取决于气泡运动形态以及分散相与连续相间的相互作用。工程应用如加速化工流化床、鼓泡塔等反应装置中的物质混合、热量交换以及化学反应过程，控制水库和湖泊中的分层结构及改善水质等。为了准确描述气泡的运动特性，深入认识气液两相流动机理，建立模型并进行工程的优化设计，对于气泡形态及运动特征的提取是首先需解决的问题。目前，实现气泡形态及运动特征参数测量的方法主要有基于探头或探针形式的侵入式测量、激光多普勒技术（LDV）、过程层析成像技术（PT）和数值模拟法等。其中侵入式测量能够比较准确地获得流动信息，但其会对流场产生一定程度的干扰，同时长时间使用易使自身产生化学蚀变或表面黏附杂质；LDV 具有线性特性好、空间分辨率高、动态响应快等优点，但其只能实现流场的单点测量，不适合非稳定流动全场测量；PT 采用特殊设计的敏感空间阵列以非侵入方式获取两相流的时空局部微观分布信息，实现流动过程中参数的检测，但其图像重建难度较大并在实时性参数检测方面无明显优势；数值模拟法需建立气泡的运动方程，虽然利用数值计算得出的气泡在运动过程中的一些参数是较精准的，但其计算复杂、实时性差。

二、相间作用力

20 世纪 40 年代末，Lockhart 与 Martinelli[5]两人在两相摩阻压降的基础上提出了水平管气液两相流摩阻压降的模型，该模型中只考虑两相的摩阻压降而忽略了气液两相间的作用力，将两相的摩阻压降定义为各单相的摩阻压降之和；到了 60 年代，Murdock[6]、Bizon[7]、Chisholm[8]等人在 Lockhart - Martinelli 模型的基础上进行了改进和完善；到了 70 年代，Smith 和 Leang[9]提出了孔板流量计中的气液两相流流量与压力降的关系，并将阻塞系数用于该模型中。两相流孔板压力降计算式是由中国的林宗虎院士提出的[10]，国际上称为林氏公式，该公式指出，两相间的作用力影响公式中的修正系数，此计算式在学者们对两相流的研究过程中被频繁引用。此后的模型都是基于林氏公式而提出的。随着工业的发展，人们对气液两相流压力降问题研究的范围越来越广泛和深入，对管段内气液两相流压力降问题的研究也在不断地发展。2007 年，方立德、张涛、金宁德等人对气液两相流动间的作用力的问题做了进一步的研究，将水平管内的气液两相流动相互作用力分为两个部分，一部分为沿流动方向的作用力，另一部分为垂直于流动方向的作用力，此研究对两相流压力降问题做了进一步的完善；另外，此研究指出在单相气体中通入少量液体时，由于液体对管壁有润滑作用，会使沿程摩阻减小[11～12]。2012年，大连理工大学的张潭[13]研究了高温金属熔体–气泡两相流气泡分布和流体流动中的阻力、升力、虚拟质量力的情况。Akimaro Kawahara、Michio Sadatomi、Keitaro Nei[14]等人，Ed Walsh[15]、Yuri Muzychka、Patrick Walsh等人，Licheng Sun、Kaichiro Mishima[16]、Ing Youn Chen、Chih Yung Tseng、Yur Tsai Lin[17]等人，Chi Young Lee、Sang Yong Lee[18]等人都对微小流动管道内的压力降问题进行了研究，对传统模型进行了实验验证与修改。

三、状态参数温度、压力、截面、相含率、流量

在实际生产活动中，两相流动态参数包括表观流速、流体流量及相含率等，而两相间界面波动的随机性使两相间存在速度滑移的特性，从而导致两相流动不同流型的产生。尤其两相流动系统属于非线性系统，其稳定性较差，随机性较高，从而使两相流参数的检测难度变得很大，从目前的研究成果来看，国内外学者已经对两相流参数系统地进行了研究[19～22]。

两相流动态参数主要有以下几个：

1. 流量

常用质量流量W（kg/h）或体积流量Q（m³/h）来表示[3]。计算公式如式（1–1）、式（1–2）所示，其中g表示气相，l表示液相[3]，有

$$W = W_g + W_l \tag{1–1}$$

$$Q = Q_g + Q_l \tag{1–2}$$

2. 流速

用管道总流通截面计算流体的速度则为表观速度，用U_k表示[23]：

$$U_k = Q_k/A = M_k/\rho_k A = G_k/\rho_k \tag{1–3}$$

并且两相流体内各相之间有相对速度u_r（m/s），$u_r = u_g - u_l$；滑速比S为气相流速与液相流速之比：$S = u_g/u_l$。

另外，还存在漂移速度u_{kj}（m/s）、扩散速度v_{kcm}（m/s）等。

3. 相含率

两相流中描述相含率的方式有很多种，如截面含气率、体积含气率[24]。

1）截面含气率

截面含气率也称作气泡占比，用一定时间段内气相通过截面的面积与整体流通面积的比值来表示：

$$\alpha = \frac{A_g}{A_g + A_l} \tag{1–4}$$

式中，A_g表示管道中气相的截面积；A_l表示管道中液相的截面积。

2）体积含气率

体积含气率表示管内某一截面条件下混合流体在单位时间节点内流经的总体积流量中气相体积流量所占的比例：

$$\beta = \frac{V_g}{V} = \frac{V_g}{V_g + V_1} \quad\quad (1-5)$$

式中，V_g 表示气相体积流量；V_1 表示液相体积流量。

3）质量流量含气率

质量流量含气率表示管内某一截面混合流体在单位时间节点内流经的总质量流量中气相质量流量所占的比例。

第四节 气液两相流动噪声研究现状

一、流动噪声研究现状

流动噪声在气液两相流动中客观存在，但对其特性的研究却鲜有报道。气液两相流属于典型的流固耦合，气液对管道的作用主要包括流固耦合作用和泊松耦合作用[25]。耦合作用使气液两相管道的流动噪声被耦合在管道壁上的声发射探头以弹性波的形式接收，经过信号的放大、处理与显示，就能从微观的角度对气液两相流动机理进行研究。流动噪声容易获得，并且信号采集非侵入，对流动形态不产生任何影响，气液两相流动过程中流动介质也不会对探头产生不利影响。

二、声发射技术在流动噪声检测中的应用

1999 年，刘勇等人深入研究了流化床燃烧的发射声谱，研究发现凭借气泡破碎声发射的特性，可以将其以流态化两相流的运动规律从床内的混合声源信号中提取出来[26]。

2012 年，浙江大学的陈敏对工业过程中两个操作环节——干燥和结晶进行了研究。他利用声发射技术，研究 AE 信号与颗粒湿含量、流化状况、结晶时亚稳区的关系，从而得出 AE 信号可以实现对这三种参数检测的结论，此种方法拥有广泛的前景[27]。

2014 年，方立德等人通过在垂直管道上进行的实验，得到了声发射技术检测两相流动的方法。通过对处理后的信号进行模式识别，从而实现对流型的识别[43]；还自主研发了适用于气液两相流动的噪声发声器，将多孔网与多孔孔板结合，并通过 CFD 优化所设计的新型相含率测量装置，通过设置阻流件，实现将噪声信号突出的作用；利用声发射技术对信号进行了分析，并建立了多种流型下的相含率模型，这些模型中的误差都不超过 4.8%[28]。

2015 年，张志强等人选用气液鼓泡和洗涤塔模型作为研究对象，研究了声发射技术在两相流检测上的应用，基于经验模态分析、小波变换等方法建立了反映其中液体状态、气相率、气泡大小的检测模型。利用相关法也可得到气液洗涤塔中气泡的位置与状态[29]。

2017 年，浙江大学的张凯等人尝试将声发射技术与电容耦合电阻层析成像技术（CCERT）相结合的方法，其中用 CCERT 检测不导电相的相含率，再结合声发射技术得到的气相相含率模型，就可以得到三相流的相含率，这种方法还可以进行非侵入式测量[30]。

2017 年，安连锁等人对含量不同的气固两相流声发射信号进行经验分解，并研究证实

了本征模糊函数分量和颗粒相含率的线性关系，进而建立了声发射信号与相含率的关系[31]。

2017 年，王志春等人将现代信息处理技术运用到声发射检测装置中，以空气、活性炭组成的气固两相流为研究对象，分别改变活性炭粒径、质量流率、碰撞速率，并对信号进行功率谱分析，得到了功率谱频域与颗粒粒径、质量流率的相关关系，并进行了验证，得到的数据误差低于 5.5[32]。

刘刚等人自行研发了基于声发射的液固两相流检测系统，并分别改变粒度和砂粒浓度进行实验，证明了当含量大于 0.2%、粒度大于 100 目时，不同的砂粒含量和粒度能够被该系统检测出来[33]。

李海广等人研究了气固两相流在接触壁面时的磨损问题，利用声发射技术，研究了气固两相流颗粒在截面不同的凸台上绕流时与壁面的接触程度，并在此过程中对信号进行小波分解，为优化凸台提供了理论支持[34]。

张东领等人介绍了多相流中几种常用的检测管道泄漏的方法：声发射法、气体监测法、土壤监测法、实时瞬态模型法、压力点分析法、成分分析法、光纤传感器检测法，并指出管道泄漏检测系统应向灵敏度高、易于维护、适应能力强的方向发展[35]。

王志春等人将支持向量机运用到两相流流型识别上，首先对流体的声发射信号进行数理统计及其他运算，以提取特征参数。再将信息熵与结果导入支持向量机中，之后进行流型识别，最终结果的正确率可以达到 85%[36]。

陈超等人自主设计了一套声发射装置，此装置能够实现油砂两相流的检测。该装置建立了声发射信号的功率与油相速度、砂粒质量的关系，通过实验验证了模型的准确性，并结合超声流量计，实现对两相流流量的检测[37]。

李小亭等人对在水平管道上的噪声，通过对采集的时间序列进行小波分解，并利用声发射技术进行检测，从噪声方面，研究出了分层流到环状流的能量特征；从新的角度，观察到了流型转换的过程中多尺度能量的分布和变化[38]。

浙江大学的陈惜明利用声发射技术，研究了气固流反应器内物料的特征参数。此研究中获取特征参数的媒介是声发射，处理方式为小波变换、主成分、神经网络分析，最终得到物料的特征参数，并建立了能够通过声发射信号对物料粒度进行正确分类的模型[39]。

浙江大学的曹翌佳以化工过程中常用的多相流反应器为研究对象，利用声发射技术，并结合非线性动力学和梳理统计的理论，研究了反应器中颗粒的特性以及可能出现的故障。该项研究主要是通过比较正常情况下和故障情况下的声发射信号，以获得反应器内的流体是否处于正常状态[40]。

张子吟自行设计了由透明有机玻璃管构成的实验装置，通过结合超声波技术和声发射技术研究了两相流的参数和流型。在声发射方面，主要研究了管内噪声信号，通过探头获得的信号，进行分析并对不同流型下的声发射信号进行研究[41]。

王志春等人自主设计了一套用于检测气固两相流的声发射信号装置，其中气相流选用了空气，固相流选用了玻璃微珠。通过改变玻璃微珠的粒径和装机速度，并对得到的声发射信号进行功率谱估计分析，得出功率谱幅值与颗粒粒径的线性关系[42]。

流动噪声主要是由于管道内部的两相流体在流动过程中，两相流体之间以及两相流体与管道之间相互作用时，产生的附加信息。流体在管道内流动越剧烈，产生的流动噪声也就越强烈。流动噪声直接反映着两相流体在管道内的流动状态，其掺杂的信息十分丰富。在采集时，若周围环境噪声较大，如水油泵、空压机等大型机器的固有噪声、管道自身振动噪声、两相流体与管壁间的流固耦合噪声等，当所要采集的流动噪声强度小于这些噪声，流动噪声会被环境噪声覆盖，将导致所需声信号不突出、信号不稳定，并且有用的信号难以在所采集的数据中被提取出来，这给进一步的数据分析处理带来了很多不便。下面列举几个实例来说明声发射技术在流动噪声检测中的应用。

1. 基于声发射技术颗粒检测

颗粒撞击刚体表面所产生的冲击能量以弹性波的形式在刚体内部进行传递，此时的颗粒便是声发射源[43]。由于其具有非侵入性、安装简易、实时在线等特点而被广泛应用于无损检测领域。目前，已经有很多学者通过检测声发射信号进行颗粒参数测量的研究。

煤粉在管道中输送时，AE 信号来自煤粉颗粒之间的接触、煤粉与水平管壁的摩擦、煤粉经过管道弯头处的撞击和气流的流动。前两者煤粉与管壁无接触或者接触不连续，所产生的声波很难穿过气流和管壁而被传感器检测到，因此实验中 AE 信号来自煤粉与管壁撞击最为强烈的弯头处，其中包含管内气流产生的噪声[44]。关于颗粒的声发射理论模型多是基于 Hertz 碰撞理论[45]进行推导的频率模型[46~47]，该模型适用于刚性小球撞击无限大平板的情况。当一个刚性小球与无限大平板发生碰撞时，碰撞时间 τ_H 可表示为

$$\tau_H = 2.94 \, \frac{\alpha}{u}$$

$$\alpha = \left[\frac{15}{16} \mu_1^2 \left(\frac{1-\mu_1^2}{M_1} + \frac{1-\mu_2^2}{M_2} \right) m_u \right]^{\frac{2}{3}} R_s^{-\frac{1}{5}} \tag{1-6}$$

式中，u 为小球相对板的垂直运动速度（m/s）；m_u 为小球质量（g）；μ_1，μ_2 分别为板、小球的泊松比；M_1，M_2 分别为板、小球的弹性模量（Pa）；R_s 为小球半径（m）。

小球与平板碰撞产生的 AE 信号频率 f 为

$$f = \frac{1}{\tau_H} = \frac{u}{2.94 \left[\frac{5}{4} \pi \mu_1^2 \left(\frac{1-\mu_1^2}{M_1} + \frac{1-\mu_2^2}{M_2} \right) \rho_s \right]^{\frac{2}{3}} R_s^{\frac{17}{15}}} \tag{1-7}$$

式中，ρ_s 为小球密度（g/cm³）。

虽然煤粉粒径包含在一定范围内且煤粉形状不规整，但该频率模型对实测信号在频域的特征及变化规律仍具有一定的参考性。

气液两相流流动时受到管壁的反射作用会形成驻波，驻波在管壁处上下起伏振动，并辐射出声波。而管道内气液两相流动时，气体与液体互相作用产生各种形式的涡流辐射出声波，声压较强。这些由于气液两相流流动而产生的噪声统称为气液两相流管道中的背景噪声，为了实现声波泄漏检测首先要对其进行辨别和删减。水平管道内气液两相流流场中的气泡生成与发展和两相流湍流产生的压力脉动及速度脉动是两相流噪声产生的根本原

因，分析这两者的波动变化情况有助于对气液两相流声场特性的掌握。通过对典型流型特征进行对比，得到流型样本流动标况各相速度，如表1-6所示。

表1-6　流型样本流动标况各相速度

流型	气体表观速度/(m·s^{-1})	液体表观速度/(m·s^{-1})
气泡流	0.02	0.3
气团流	0.4	0.32
分层流	0.5	0.06
波浪流	7.5	0.06
段塞流	7.5	0.20

将采集的实验数据经过一次小波 Sym4 滤波，初步分析可以发现，各个流型工况下的背景噪声特征明显，且随着流型气泡流—气团流—分层流—波浪流—段塞流的变化，其动态压力波动幅值依次增加，流动更加不稳定，如图1-6所示。

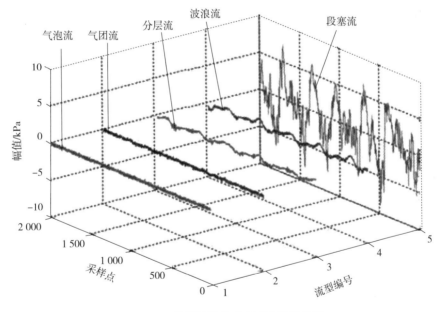

图1-6　不同流型的动态压力波动曲线

通过初步的实验观察发现，分层流管道在未发生泄漏时流动相对平稳，液相和气相均为连续相，其流动噪声大小随着气相和液相的增加而增大，但是随气相增大的速度比液相增加的速度大。随着气相的增加，管道内的流体呈波浪流流动时，其两相流界面存在波动，此时的液相与气相仍为连续相，气相推动液相做有规律的扰动，声波波动随气液流量增加而加剧，但是此时随着气液流量增加与分层流流量增加引起的增长在量级上没有太大差别。随着气相和液相的不断增加，噪声幅值曲线出现多处尖峰，此时在透明管段观察可以发现管道内部出现周期性液塞冲击。幅值尖峰出现时管道内部含液量增加，产生液塞冲击造成了气液剧烈扰动，从而产生了高频空化噪声。不同流型下背景噪声的幅值如表1-7所示。

表1-7　不同流型下背景噪声的幅值

流型	幅值/kPa	描述及结论
分层流	-0.5~0.5	流动平稳，流体间界面较为稳定，流动噪声小，声波幅值小
波浪流	-1~1	两相流界面噪声波动较大，声波幅值略小
段塞流	-10~10	流体对管道的冲击剧烈，流体介质之间作用大，声波的幅值大

2. 基于声发射的流量装置研究

声发射检测技术是近年来新兴起的一种无损检测方法[49]，该方法几乎不受材料的影响，检测灵敏度高，能长期、实时对系统的运行状况进行监视[50]。在石油气的输送过程中，气体与管壁、液体与管壁、气体和液体之间的摩擦碰撞会产生声信号，这些信号可以由声发射压电探头检测。由于这些信号是发生在气液两相流内部，所以能更好地表现出气液两相流的内部特性。同时，声发射检测方法具有不损坏被测物、不用侵入流场、不会破坏流场、操作简单、方便等优点。

声发射信号是材料内部因受到外力的作用产生形变，从而形成能量信号，它表现为瞬态弹性波，并以声波的形式存在。如因形变产生的能量大，声信号频段在声频段，则能被人耳听见。但大多数材料内部发生的微小改变不能被听见。放置在材料表面的声发射探头是用来接收材料内部发生的声信号的，声发射探头会将接收的声信号转变为电信号，此后该信号经放大器、滤波器后在计算机上显示，如图1-7所示。通过处理分析后的信号可以对声源发出的位置、时间节点、性质、强度进行定性、定量的分析。

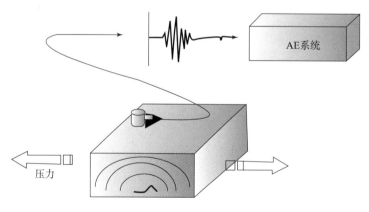

图1-7　声发射原理图

声发射信号有突发型和连续型两种。当信号在时域上能被分开时，为突发型信号［见图1-8 (a)］；当信号频率高到在时域上不能被分开时，为连续型信号［见图1-8 (b)］。

将声发射检测技术与差压相结合，建立声发射-差压组合的双参数测量方法[51]。加入新型多孔孔板作为节流装置，探头安置在新型多孔孔板边缘上，多孔孔板作为一个管道

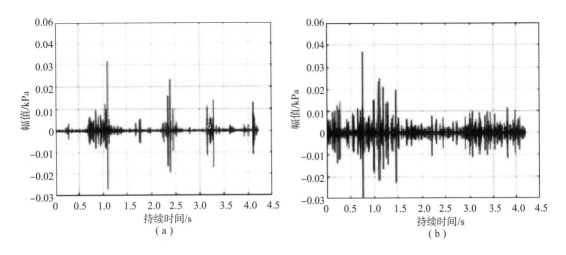

图 1-8　声发射信号

（a）突发型信号；（b）连续型信号

的节流装置，置于流场中[51]。管内两相流流体运动时，装置与气液两相流之间产生相互作用从而产生噪声信号，对比其他噪声信号最为明显，且受周围环境噪声影响小，有利于后续数据的提取、处理和分析，从而获得更准确、更能反映两相流机理的特征参数。对水平管段安装的新型多孔孔板流量测量装置下的几种典型流型（泡状流、波状流和分层流）的工况点进行了测试的过程中，差压信号和声发射信号同时被记录下来。数据采集后，先对数据进行时域分析，提取时域信号特征参数，分析哪个特征参数对流量或者流型的变化明显。然后进行频域分析，对信号进行预处理，通过小波包分解算法提取流动声信号特定频率段内的能量特征值，并分析特征值根据流量或流型的变化情况。综合以上时域分析得

到的时域特征参数与频域分析得到的能量特征值，建立水平管气液两相流体积含气率测量模型，并通过一系列误差分析与验证，得到最终的体积含气率测量模型结果。将体积含气率模型与实验中得到的差压信号相结合，通过对比经验流量测量模型的误差，并对经验模型进行修正，得到最终的不同流型条件下的水平管气液两相流流量测量模型。其技术路线如图 1-9所示。

　　气液两相流中由于气体与液体共同存在，所以气液两相流中产生的振动是很复杂的[52]，它是由许多不同频率的振动共同组成的。气液两相流流经多孔孔板所产生的噪声机理有 4 种，具体见第二章第

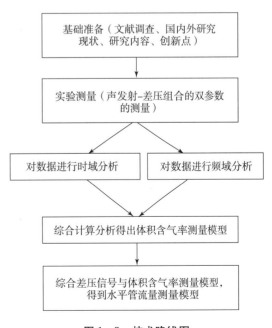

图 1-9　技术路线图

一节。

本实例的创新主要体现在以下几个方面：

（1）利用声发射 - 差压信号双测量参数和多孔孔板相结合的测量装置对水平管不同流型下 45 个工况点进行测试，得到后续分析所需的实验数据。

（2）对实验采集的数据结果进行时域和频域两方面的分析，时域上得到峭度、偏斜度随气液两相流体积含气率的变化呈线性增长关系。频域上得到 ca1 与 cd1 的能量特征值与体积含气率呈线性增长关系。

（3）在 MATLAB 中拟合所选定的 4 个参数与体积含气率的模型。建立水平管气液两相流体积含气率测量模型，进行误差分析与验证。误差分析得到的最大相对误差为 0.24，验证其他工况点得到最大相对误差为 0.26，最后得到体积含气率测量模型结果。将得到的体积含气率模型与实验所得的差压信号相结合，通过对比经验流量模型的误差，得到 Bizon（0.45）模型的误差最小，并对该经验模型进行修正，得到不同流型条件下的水平管气液两相流流量测量模型。

实验中采用 SH - Ⅲ型声发射系统（见图 1 - 10、图 1 - 11）。SH - Ⅲ型声发射系统专为监控室外环境而设计，无须使用昂贵的加热器、空调或风扇；有 32 个 AE 通道，密封输入；共 4 个模块，每个模块有 8 个通道，包括波形处理和基于 AE 时间的完整数据集。该仪器可以对声发射实验信号进行多通道的同时采集，即使用声发射传感器进行采集，并将采集的声信号通过压电转换效应变换成电压信号。

图 1 - 10　SH - Ⅲ型声发射系统

图 1 - 11　SH - Ⅲ型声发射系统内部

采用新型多孔板装置对现有的多孔平衡流量计进行结构优化：在多孔孔板的外侧延伸部分放置声发射探头而增大了多孔孔板的尺寸；设计并模拟了孔口数，确定了当孔口数为 13 时，压力损失最小，模拟流场效果最好[53]。新型多孔孔板实物如图 1 - 12 所示。

实验中选用 V 系列智能差压变送器（见图 1 - 13、图 1 - 14）。流体流经多孔孔板前后

图 1 - 12　新型多孔孔板实物

会产生压力差，用此装置检测读取差压信号。该装置量程为 $0 \sim 50$ kPa，由 24 V 直流电源供电，其输出电压为 $1 \sim 5$ V，精度达 0.075%。

图 1 - 13　差压变送器

图 1 - 14　差压信号记录界面

　　以 LabVIEW 为基础作为多相流数据采集系统的平台（见图 1 - 15、图 1 - 16），它可以控制测试的开始和结束时间、设置测试参数、采集测试数据、生成测试数据表。

　　实验过程中同时采集气液两相流的差压与声发射信号，信号采集装置如图 1 - 17所示。

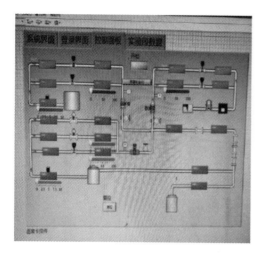

图 1 – 15　多相流数据采集系统控制面板

图 1 – 16　多相流系统采集数据

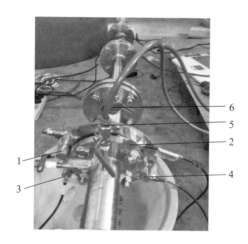

图 1 – 17　采集装置

1，2，3，4—安装的声发射探头；5，6—安装的差压变送器连接管

实验过程以及具体操作：

（1）将四个声发射探头一端对称固定安装在多孔孔板的延伸段，另一端分别连接到SH – Ⅲ型声发射系统的四个通道中；将差压变送器的连接管一端接入差压变送器，另一端分别安装在多孔孔板的前后两端。

（2）分别对以上 45 个工况点进行实验。通过以 LabVIEW 为基础的软件平台控制各相管路的开关阀来掌控实验的起始，每个工况点的各相流量值设置通过读取各路安装流量计来进行手动调节。

（3）当气液两相进入被测管段中，待流型稳定后，开始同时记录声发射信号和差压信号，并拍摄流体的流动状态为后续数据提供依据。

针对前人提出的新型多孔孔板流量测量装置的基本结构，在此设计的基础上，结合气液两相流理论、声发射噪声信号检测技术等方法，得到水平管气液两相流体积含气率测量模型，并将体积含气率测量模型与差压信号相结合，建立声发射 – 差压组合的双参数测量方法，得到新型多孔孔板流量测量装置的流量测量模型，其主要研究结论如下。

（1）通过对安装在管段水平方向的新型多孔孔板流量测量装置下的三种流型、45个工况点进行实验，记录实验中的差压信号与声发射噪声信号。首先通过分析时域信号，得到结论为流动噪声信号峭度和偏斜度在不同流型条件下差异明显，峭度值能很好地辨识流型，且峭度与偏斜度值随着气体含气率的变化呈现逐步增长的趋势。流动噪声信号均方根值（RMS）、均值、绝对平均值在不同流型条件下差异明显，能很好地辨识流型。峰值在不同流型条件下差异明显，峰值也能辨识流型，但识别流型效果欠佳。方差在不同流型条件下差异不明显，方差并不能很好地识别不同的流型。

（2）对通过实验室所采集的声发射信号采样频率，用非线性处理软件MATLAB中的傅里叶变换（FFT）算法进行处理，得到不同工况点的频率特征。通过分析声发射噪声信号射频谱图，根据图中频率变化情况与幅值的分布，确定分析的频率段，利用小波包分解算法提取流动噪声信号特定频率段内的能量特征值，分析不同频率段能量特征值与体积含气率的关系，得到ca1的能量特征值与cd1的能量特征值不但能很好地辨识流型，而且随着体积含气率的增大而增大。而其他的能量特征值不能很好地识别流型，并且随着体积含气率的变化，不能呈现规律性变化。

（3）综合分析时域特征参数与ca1、cd1的能量特征值与体积含气率的关系，自拟程序，建立水平管气液两相流体积含气率测量模型，误差分析得到最大相对误差为0.24，验证其他工况点得到最大相对误差为0.26，得到最后的体积含气率测量模型结果。

（4）利用实验测得的差压信号，与上文建立的体积含气率模型相结合，通过对比不同经验模型的误差，发现Bizon（0.45）模型的误差最小。通过模型修正，得到分层流、波状流、泡状流条件下的水平管气液两相流流量测量模型。

3. 基于声发射技术单喷嘴气泡实验研究

目前深海油田开采中，垂直管流动常见于平台立管和油井井筒中。垂直管内多相流动常见流型包括泡状流、段塞流、搅拌流和环状流，管道内多相流流动在不同流型下具有不同的流动特性。及时对垂直管内流动情况进行监测，能够确保深海油田开采、长距离管道安全、经济地运输。声发射检测方法检测声音频率范围宽，其非侵入式、无损伤检测的特点引起了广泛关注，在多相流检测领域有着广阔的发展前景，这对声发射检测多相流的机理研究具有十分重要的意义。

本研究搭建了三套实验装置，包括单孔喷嘴连续释放气泡实验装置、多孔喷嘴连续释放气泡实验装置和垂直上升管气液两相流实验装置。本实验利用自行开发的声信号采集程序进行连续信号采集和声信号参数计算，同时利用高速摄像、双平行电导探针等测量技术同步进行流动参数采集，对声发射检测多相流的可行性和精确性进行研究。

气泡和空化效应是多相流领域十分常见的现象，在介质中气泡的大小和分布对系统物质及能量传递具有很大的影响，如气液传质传热过程。研究气泡运动特点，研究喷嘴释放连续气泡的形成及运动规律对深入研究气液两相流检测机理具有重要意义。传统对气泡活动进行研究的手段一般为水听器[54~55]、超声波[56~57]、高速摄像[58]和电导探针[59]等。水听器采用侵入方法检测声信号，且检测大致在人耳听力范围内的低频声信号。超声波需要同时具有发射和接收装置。高速摄像设备复杂，价格昂贵。声发射检测技术采用非侵入式、无损检测手段，设备采样频率高，可以实时采集大量瞬时声信号，获得丰富的流动信息，使用过程具有检测声音频率范围宽（可检测大于 20 kHz 的高频信号）、低能耗、无辐射、操作方便灵活等优点。这些优势使声发射检测技术具有广阔的发展前景。声发射技术的高灵敏性，使其应用于多相流系统中检测气泡现象具有可行性。

1）单孔喷嘴释放气泡实验系统

本实验系统由四部分组成：声发射采集系统、摄像系统、实验测试观察段和气泡控制发生系统，如图 1 - 18 所示。

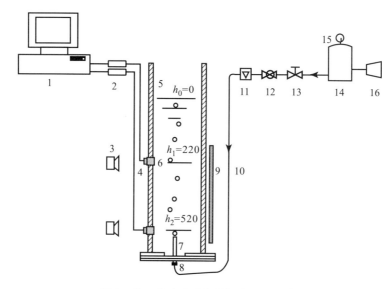

图 1 - 18　单孔喷嘴释放气泡实验系统

1—声发射采集卡和计算机；2—前置放大器；3—摄像机；4—声发射传感器；

5—透明有机玻璃管；6—实心铜柱；7—喷嘴；8—气动接头；9—摄影灯；10—软管；

11—玻璃转子流量计；12—球阀；13—节流阀；14—高压储气罐；15—压力表；16—压缩机

实验测试观察段采用外径 160 mm、壁厚 3 mm、高 800 mm 的透明有机玻璃管，便于实验现象观察及图像采集，本实验使用空气 - 水两相介质，实验段内静水液柱高度为 570 mm，喷嘴出口水深为 520 mm。本实验将水深 $h_2 = 520$ mm 的喷嘴位置和水深 $h_1 = 220$ mm 的气泡上升中途位置作为检测点。另外声信号通过金属传播衰减较弱，有利于高频声发射信号传播，实验中利用实心铜柱穿过有机玻璃管管壁，声发射传感器安放在管外壁的实心导波铜柱上，实现声信号的非侵入式灵敏采集。由于高频声发射信号的快速衰减特性，实验表明，相距 300 mm 的两个位置的信号对另一个位置的传感器没有影响。气泡控制发生装置主要由压缩机、高压储气罐、节流阀、球阀、玻璃转子流量计、软管和喷嘴等组成。玻璃转子流量计量程为 0.06 ~ 6 L/min，经实验验证，该量程满足实验所需工况点的流量要求。摄像系统包括数码照相机（Nikon D3300）和摄像灯，摄像机模式最高分辨率为 1 920 像素 × 1 080 像素。

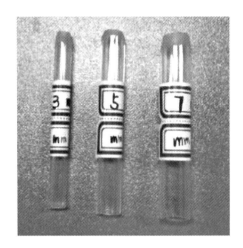

图 1 - 19 喷嘴实物

实验选用的喷嘴孔径分别为 3 mm、5 mm、7 mm，喷嘴头部加工成锥形，从而减小喷嘴头部形状对气泡形成的影响，喷嘴实物如图 1 - 19 所示。

实验过程中缓冲罐压力设定为 3×10^5 Pa，实验中气体流量根据喷嘴孔口截面积换算成喷嘴气体速度，在 0.24 ~ 1.43 m/s 以内变化，每个尺寸喷嘴均取 6 个气体速度测试，实验工况点如表 1 - 8 所示。

表 1 - 8 实验工况点

3 mm		5 mm		7 mm	
流量 /(L · min^{-1})	孔口气速度 /(m · s^{-1})	流量 /(L · min^{-1})	孔口气速度 /(m · s^{-1})	流量 /(L · min^{-1})	孔口气速度 /(m · s^{-1})
0.1	0.24	0.3	0.25	0.6	0.23
0.2	0.47	0.6	0.51	1.1	0.46
0.3	0.71	0.8	0.68	1.6	0.73
0.4	0.94	1.1	0.93	2.2	0.96
0.5	1.18	1.4	1.19	2.7	1.19
0.6	1.42	1.7	1.44	3.3	1.43

2）多孔喷嘴释放气泡实验系统

为了研究不同条件下多个气泡集体共振的声发射特性，搭建多气泡实验系统，如图 1 - 20 所示。气泡控制发生系统中通过管汇产生多个气泡，每个喷嘴分别对应一条进气软管，可对每个喷嘴的气泡产生过程进行控制，通过阀门调节由喷嘴产生连续均匀的气泡。实验装置还增加了气体缓冲段，使每个喷嘴的上游压力维持恒定，每个喷嘴的气泡产生过程互不干扰，缓冲段上方安装压力表，可以显示缓冲段内气体压力。气体缓冲段实物如图 1 - 21 所示。

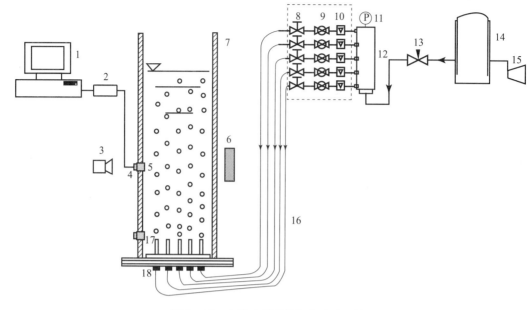

图 1 - 20 多孔喷嘴释放气泡实验系统

1—声发射采集卡及计算机；2—前置放大器；3—摄像机；4—声发射传感器；5—实心导波铜柱；
6—摄影灯；7—有机玻璃管；8—球阀；9—节流阀；10—玻璃转子流量计；11—压力表；
12—气体缓冲段；13—针形调节阀；14—高压储气罐；15—气体压缩机；16—软管；
17—喷嘴；18—接头

本实验使用空气 - 水两相介质，实验过程中缓冲罐压力设定为 3×10^5 Pa。空气依次经过高压储气罐、气体缓冲段、节流阀、球阀和转子流量计后通过喷嘴进入实验段。

3）垂直上升管气液两相流实验系统

垂直管实验系统主要由五部分组成：液相循环系统、气相循环系统、气液两相混合循环系统、气液两相分离系统和参比探针段，整个实验流程如图 1 - 22 所示。

4）声发射采集硬件设备

声发射采集硬件设备组成如图 1 - 23 所示，主要包括声发射传感器、前置放大器、数据集卡和计算机四部分。

以振动波形式存在的能量在产生、传播和接收过程中的声发射检测具体流程：从声发射源产生的弹性波，通过介质传播，到达声发射传感器表面，使传感器表

图 1 - 21 气体缓冲段实物

面发生位移；经传感器将机械振动转化为电信号；电信号传输至前置放大器部位，进行信号放大和降噪处理；处理后声信号传输到声信号采集卡，将电信号转换成数字信号；计算机利用 USB 数据传输线与采集卡连接，在计算机上进行数据存储和专业的信号分析，最终能够获得检测结果，可以供研究、生产使用。声发射检测原理如图 1-24 所示。

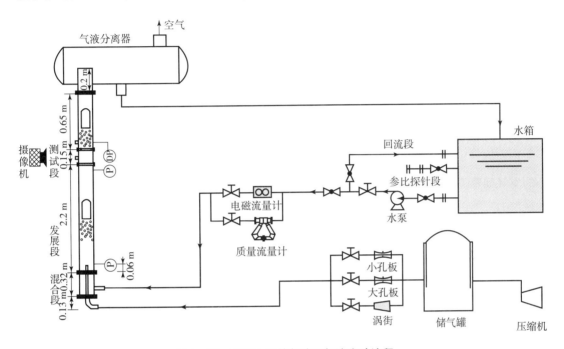

图 1-22　垂直上升管气液两相流实验流程

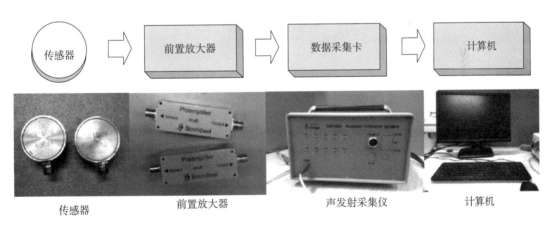

图 1-23　声发射系统硬件组成

（1）声发射采集仪。

声发射采集仪为北京声华公司生产的 SAEU2S 型声发射仪，采样率最高可达 40 MHz，在无损检测领域使用较广。本实验选用的声发射采集仪包括 SAEU2 声发射采集卡和主机箱两个部分，SAEU2 采集卡安装在主机箱内，具有 2 个独立声信号通道，每个通道具有三种高通滤波器、三种低通滤波器，可根据实验需要，通过软件程控设置。

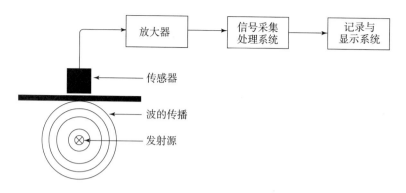

图 1-24 声发射检测原理

（2）传感器。

传感器工作时，一般需要在传感器与接触面之间涂抹适量的耦合剂，填补两者之间微小的空气间隙。其主要作用：大大减小声信号通过空气传播时的衰减；减小能量在传感器和接触面之间的反射损失；起润滑作用，减轻传感器和接触面之间的摩擦损坏。

声发射传感器是影响声发射采集系统整体性能的重要因素，属于接收换能器，灵敏度和工作频带是其主要指标。实验所用传感器结构和性能的选择需要考虑不同的检测目的、声发射源特征、检测环境特点等因素。选型是否合理，会直接影响采集数据的真实度，最终影响处理结果。

（3）前置放大器。

前置放大器是模拟电路，原理如图 1-25 所示，其主要作用是将传感器输入信号放大后再输出，可作用于低至微伏数量级的信号，具有提高信噪比、提高增益和降低噪声的性能。

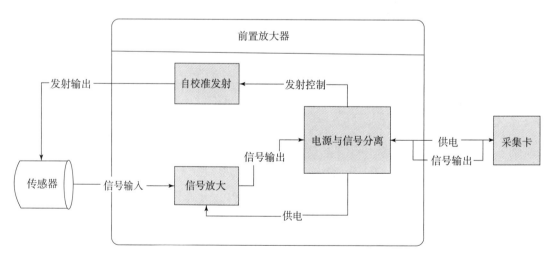

图 1-25 前置放大器原理

（4）信号线。

前置放大器和声发射采集仪之间通过同轴电缆相连接，为了尽量避免声信号衰减过大和信噪比降低，同轴电缆的应用长度一般不超过 150 m。

实验结论如下：

（1）气泡从喷嘴口脱离阶段及脱离后快速上升阶段的气泡壁振荡，这是喷嘴处气泡生成时主要声信号源。随孔口气速的增大，气泡生长周期减小，初始体积增大，气泡生成过程释放能量越多，产生声信号越强，喷嘴口处次级气泡的尾随效应会使声信号产生过程变得复杂。

（2）采用 k - means 聚类分析的时频分析方法，对 3 mm 喷嘴在孔口气速为 1.42 m/s 时释放气泡上升运动过程产生的声信号进行分析，各类声信号具有一定的相似性，主要有五类声发射信号源：气泡振荡、气泡碰撞、气泡破碎、气泡聚并和气泡团内气泡集体共振。频率在 35 ~ 130 kHz 以内，气泡振荡峰值频率为 65 kHz 左右的声信号，为低频、低能信号。

（3）通过研究 3 mm 喷嘴在孔口气速为 0.24 m/s 时的多气泡集体振荡特性可得，气泡间距、气泡数目和表面张力等因素影响产生的声信号的强度。

（4）通过时频分析可得，3 mm 喷嘴释放多个气泡集体振荡峰值频率在 60 kHz 左右，低于单个气泡振荡频率。

（5）通过对垂直上升管不同流型下的原始波形信号进行分析，泡状流、段塞流、搅拌流和环状流具有不同的特征，通过原始信号波形分析可以判别管内流型。

（6）垂直上升管不同流型下声信号参数具有不同的特征，100 s 以内泡状流、段塞流、搅拌流和环状流的声信号均方根和绝对能量值依次增大。均方根范围：泡状流为 35 ~ 40 dB；段塞流为 42 ~ 47 dB；搅拌流为 48 ~ 52 dB；环状流为 80 ~ 87 dB。能量值范围：泡状流为 300 000 J 左右；段塞流为 400 000 ~ 800 000 J；搅拌流为 1 500 000 ~ 2 100 000 J；环状流为 5 800 000 ~ 7 500 000 J。可通过声信号参数的分布范围对管内流型进行识别。

（7）声发射信号参数受表观气液速度的影响，表观液速不变时，声信号均方根、绝对能量值等随着表观气速的增大而迅速增大；表观气速不变时，声信号参数随着表观液速的增大，变化趋势不明显。泡状流、段塞流、搅拌流和环状流流型下，随着表观气速或表观液速的增大，频率幅值增大，泡状流、段塞流、搅拌流和环状流流型的频率幅值依次增强。

（8）声发射技术可以检测液塞频率。液塞信号波包个数对应液塞频率。

（9）采用双通道声发射传感器，利用同一液塞信号到达前后两个传感器的时间延迟，以及速度、位移和时间的关系，通过计算获得液塞速度。

（10）通过对液塞区进行声信号均方根概率密度分布分析可得，尾流区内声信号均方根分布范围较宽，过渡区和充分发展区内声信号均方根集中在低值范围内。

（11）利用皮尔森相关系数对电导探针测得段塞流平均含气率和声信号均方根，然后进行相关性分析，两者相关性系数均大于 0.7，平均值为 0.868 638，标准差仅为 0.099 973。两种测试方法采集数据的相关性较大，证明声信号均方根可用于段塞流平均含气率拟合。通过分析不同表观气、液速下的段塞流平均含气率随声信号均方根变化曲线，证明段塞流平均含气率受混合速度的影响。实验通过 Datafit 软件拟合，利用混合速度和声信号均方根两个变量，建立段塞流平均含气率模型。通过误差分析可得，拟合关系式的误差为 ±15%。

4. 基于声发射技术的气泡运动特性研究

在目前油气长距离陆上混输以及海洋油气田混输系统中，段塞流是一种常见的流动形态，这种流型的间歇性、波动性以及不稳定性是深水油田开发必须突破的流动安全问题，而有效、实时的检测技术是解决段塞流的关键性问题之一。声发射技术作为一种非侵入式的动态检测方法已广泛应用于各类机械结构的检测中，其探测到的能量来自被测物体本身，而无需外加超声发射器或射线源，易于使用且具有较高的敏感性。将声发射方法用于气液两相流的检测中，不仅减少了石油生产过程中的操作安装成本，更避免了射线源对身体的危害，对油气生产的实时监控与安全检测具有十分重要的意义。

针对开发新型段塞流检测的需要，基于声发射测量技术进行了管道内气泡声信号的实验与分析，利用自行开发的适用于气液两相流的声发射采集软件，展开了单气泡与固定液塞的实验研究，利用参数统计方法、时域分析法以及频域分析法对气泡声信号进行了特征提取，较好地反映了管内流动机理，并提出了含气率的关联式，为声发射在气液两相流领域的检测提供了理论基础。该研究的总体技术路线如图 1-26 所示。

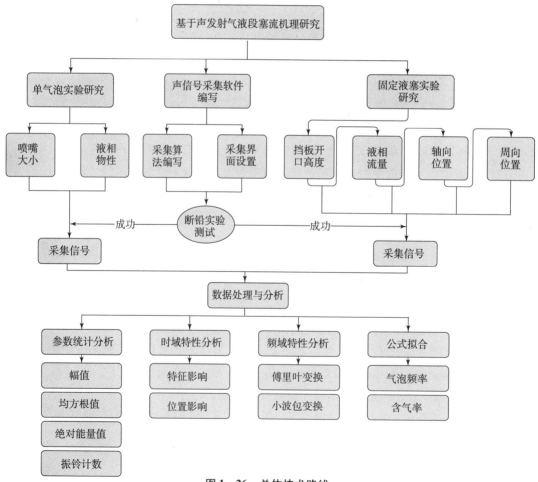

图 1-26　总体技术路线

以下主要分为三个部分进行介绍：

1）声信号采集软件编写

鉴于现有声信号采集软件的局限性，以 C ++ Builder 为软件开发平台[60]，设计了适用于气液两相管流的声发射信号采集处理软件，包括对声信号的实时波形显示、信号波包特征的提取，以及时间常数内各个声发射参数的计算与存储，通过与上位机声发射采集卡的连接，实现对管道气泡声发射数据的实时传输、显示、处理以及存储的功能[61]。

2）单气泡实验研究

为研究气液两相管流中气泡的发声机理[62]，以喷嘴释放单气泡实验为模型，进行了气泡声信号的研究，通过改变喷嘴尺寸以及液相物性，研究了不同气泡尺寸以及不同液相表面张力和液相物性对气泡声信号的影响，同时进行了管内外声发射传感器的同步测量，为声发射技术用于气液两相管流的测量提供了可行性的理论基础[63]。

单气泡实验流程如图 1 - 27 所示，主要包括气泡发生系统、声发射采集系统以及高速摄像系统三部分。气泡发生系统主要由喷嘴、软管、注射器以及有机玻璃管组成。本实验使用的有机玻璃管内径为 50 mm，厚为 5 mm，高为 70 cm。图 1 - 28 所示为单气泡实验装置，其喷嘴固定在立管底板上，喷嘴通过软管与注射器连接。为了保证注射器的供气过程不影响喷嘴产生气泡，在软管连接处设计了并联连接方式，即注射器出口分两路进行：一路通过气动节流阀与立管底板连接，实现注射器向喷嘴的供气，达到液柱底部发射气泡的目的；另一路通过气动节流阀与大气相连，以实现向注射器的供气，如图 1 - 28（b）所示。

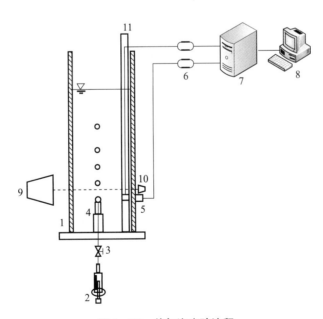

图 1 - 27　单气泡实验流程

1—有机玻璃管；2—注射器；3—球阀；4—喷嘴；5—传感器；6—放大器；
7—采集卡主机箱；8—计算机；9—高速摄像仪；10—照明灯；11—防水软管

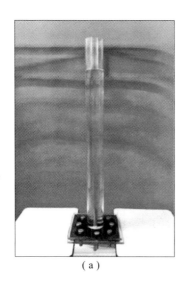 

（a）　　　　　　　　　　　　　　（b）

图 1-28　单气泡实验装置

（a）立管上部图；（b）立管底部安装图

声发射采集系统包括传感器、前置放大器、采集卡以及计算机。本实验在管内外同一高度处分别布置了两个传感器，管内传感器通过向防水软管中填入凡士林密封后放入水中。由于凡士林为油状固体，不溶于水，故可以作为水封层防水密封。声发射采集系统硬件部分使用北京声华 SAEU2S 型声发射仪，其采样率最高可达 40 MHz。本实验使用的传感器为 SR150M 型，其测量频率为 60～400 kHz，实验采样频率设为 1 MHz。软件系统为自行开发的声发射采集处理程序，可以实现连续型声发射信号的实时采集显示、存储以及声发射参数的提取。

高速摄像系统包括高速摄像机和照明灯。使用高速摄像机，以及 GK6 型高效影视灯进行拍摄，使得在高速拍摄状态下有足够的光源，提高图片质量。

实验通过有机玻璃管底部的注射器发射气泡，并在管内外布置传感器进行同步测量，以实现管内外声信号的对比分析。利用敲击管壁的方法实现声发射采集系统在声信号的采集中与高速摄像在时间轴上达到同步，即声信号开始采集、高速摄像机开始拍摄时，利用尖锐物体敲击管壁，此时测得的声信号电压值会出现突变。与此同时，高速摄像机拍摄的录像中同样会出现物体敲击管壁的画面，通过两个时间轴的对应实现声信号变化与录像过程的同步来进行气泡声信号的机理分析[64]。

3）固定液塞实验研究

为利用声发射测量技术研究段塞流液塞流动机理[65]，以固定水跃为模型，进行了水平管内固定液塞结构的声信号测量。研究中改变的参量有不同挡板开口高度、不同液相流速以及传感器在距起塞点不同轴向位置及沿管道周向位置的布置，并利用声发射参数统计分析、时域波形分析、聚类分析以及傅里叶、小波包的频域特性分析对声信号进行处理。同时，基于声发射参数提出了液塞头部的含气率公式，并与经验关联式进行对比分析。

本实验通过在水平管中构造固定水跃形成固定液塞,利用声发射设备进行液塞段声信号的测试。图 1 – 29 所示为固定液塞实验系统流程,主要包括液相供应系统、气相供应系统、透明管测试段以及声发射采集系统四部分。

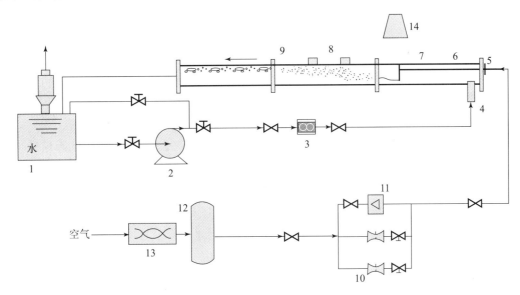

图 1 – 29　固定液塞实验系统流程

1—储液箱;2—离心泵;3—电磁流量计;4—液体注入管;5—盲板;6—气体注入管;

7—液体挡板;8—声发射传感器;9—测试段;10—孔板微小流量计;

11—转子流量计;12—储气罐;13—螺杆压缩机;14—高速摄像机

影响因素总结如下:

(1)通过对管内外声信号的同步测量发现,声信号在传播过程中存在一定的幅值衰减和时间延迟,使管外声信号幅值比管内幅值小,但通过信噪比的计算发现,管外声信号仍然具有较高的信噪比,说明声发射测量具有较高的灵敏度,验证了利用非侵入式方法对管内气液两相流检测的可行性。

(2)通过快速傅里叶变换与小波时频变换相结合的方法,得出气泡产生时发出的声信号主要频率为 150 ~ 250 kHz,且随着喷嘴直径的增大,峰值频率逐渐增大,经过拟合发现峰值频率与气泡尺寸之间符合指数规律,并提出了两者之间的关联式,可用于气泡粒径的判别。

(3)通过连续变化的气泡形态图片与声信号的对比发现,由于气泡喉部曲率半径非常小,导致喉部分界面上有较大的拉普拉斯压力的突变,在液膜表面张力的作用下,表面张力自由能转化为动能,使气泡喉部迅速夹止断裂,并产生向内的凸起,气泡压力分解出频率为 200 ~ 500 kHz 的液塞卷吸的声信号、频率为 0 ~ 125 kHz 的液体撞击管壁的信号,以及 875 kHz 以上的高频、低能的噪声信号。此方法成功地区分了液塞卷吸声信号、液体撞击管壁信号以及背景噪声信号,分析结果与快速傅里叶变换结果相吻合,该方法准确有效。

(4)通过声信号测量与高速摄像的同步拍摄发现,圆管内固定液塞包括四个部分,即循环翻滚区、湍流剪切层、底部边界层以及气泡脱落区，与连续段塞流流动机理类似。通过对液塞区原始波形的分析发现，随着液膜弗劳德数（Froude）的增大，液塞头部的气泡卷吸量明显增多，测得的声信号幅值也明显增大。这说明固定液塞产生过程中，伴随有气泡的生成、合并及破碎等现象，且气液流量越大，液膜弗劳德数越大，液塞中湍流扰动越强烈，气泡的活动性越强，产生的声信号也随之增大。可见，固定液塞的声发射时域信号特征可以直接反映液塞的运动强弱特性。

（5）通过对轴向以及周向不同位置声发射传感器测得的声信号的时域波形分析可以看出，随着距起塞点轴向距离 P_x 的增加，声信号幅值逐渐减弱，在 $P_x = 6$ cm 以及 $P_x = 12$ cm 处声信号较强。这是因为此区域内存在着强烈的湍流剪切以及循环翻滚，大量的气泡被不断的卷吸、剪切，湍流脉动较为强烈，气泡合并破碎大大加强，产生的声信号也较强。而轴向距离越大，气泡的湍动程度减弱，产生的声信号较弱。从周向的波形分析可以看出，中下部传感器测得的声信号最强，这是由于此部分为湍流剪切层。气液两相流的声发射时域信号特性不仅可以直接反映固定液塞在不同气液流量下的流动状态的变化，还可以直接反映液塞声信号在轴向以及径向的变化规律，通过对声信号电压幅值的判断，间接地展现了固定液塞的内部流动结构，更好地解释了液塞的气泡卷吸机理，为后续定量分析提供了理论基础。

三、存在问题分析

声发射技术是一种在工业生产中被广泛使用的无损检测技术，被应用在对机械材料和器材使用状态的检测、特种设备中缺陷的检测及定位、岩土和地质中的冲击[68]中。在两相流中，流动噪声客观存在于气液两相流动中，气液对管道的作用是一种典型的流固耦合。目前在使用声发射技术检测气液两相流时，大多直接在管道的外壁上贴附声发射探头，在气液两相管道中，由于耦合作用产生噪声。声发射探头在管壁上以弹性波的形式接收噪声。经过一系列的处理，流动噪声信号可以从微观的、不同的角度研究两相流动机理。该方法能很容易获得流动噪声，且信号采集探头是非浸入式的，不干扰流场的变化，并且流动介质在气液两相流动过程中不会对探头采集信号过程产生不利影响。但是在采集时，若周围环境噪声较大，如水油泵、空压机等大型机器的固有噪声、管道自身振动噪声、两相流体与管壁间的流固耦合噪声，当所要采集的流动噪声强度小于这些噪声时，流动噪声会被环境噪声覆盖，导致所需声信号不突出、信号不稳定，并且有用的信号难以在所采集的数据中提取出来，这给进一步的数据分析处理带来了很多不便。

声发射检测技术在管道检测上的应用十分重要，但是目前的技术是不成熟的。因此，完善声发射检测技术是两相流乃至多相流目前亟待解决的问题[67]。

参 考 文 献

[1] 张远君 . 两相流体动力学［M］. 北京：北京航空航天大学出版社，1987.

[2] 刘晓宇 . 油、气、水三相流检测技术的研究［D］. 杭州：浙江大学，2006.

［3］梁法春，曹学文，冠杰，等．多相流流型检测与识别技术［J］．油气储运，2001，20（11）：1－4．

［4］劳力云，郑之初，吴应湘，等．关于气液两相流流型及其判别的若干问题［J］．力学进展，2002，32（2）：235－245．

［5］LOCKHART，W & MARTINELLI R R C. Proposed corelation of data for isothermal two-phase two-component flow in pipes［J］. Chem. Eng. Prog, 1949, 45: 39－48.

［6］MURDOCK J W. Two-phase flow measurements with orifices［J］. Basic Engineering, 1962, 84（4）：419－433.

［7］BIZON，E. Two-phase flow measurement with sharp-edged orifices and venturis［J］. Atomic Energy of Canada Ltd：Chalk River, 1965.

［8］CHISHOLM D. Two-phase flow through sharp-edged orifices［J］. Mechanical Engineering Science , 97719, （3）：128－130.

［9］SMITH R V, LEANG J T. Evaluation of correlations for two-phase flow meters three current-one new［J］. Engineering for Power, 1975, 97（4）：589－594.

［10］LIN Z H. Two-phase flow measurements with sharp-edged orifices［J］. International Journal of Multi-phase Flow, 1982, 8（6）：683－693.

［11］FANG L O, ZHANG T, XU Y. Venturi wet gas flow modeling based on homogeneous and separated flow theory［J］. Mathematical Problems in Engineering, 2008（10）：1－25.

［12］FANG L D, ZHANG T, JIN N D. A comparison of correlations used for venturi wet gas metering in oil and gas industry［J］. Journal of Petroleum Science and Engineering, 2007, 57（34）：247－256.

［13］张潭．金属熔体——气泡两相流中相间作用力的探讨与数值模拟［D］．大连：大连理工大学，2012.

［14］KAWAHARA A , SADATOMI M, NEI K, et al. Experimental study on bubble velocity, void fraction and pressure drop for gas-liquid two-phase flow in a circular microchannel［J］. International Journal of Heat and Fluid Flow, 2009, 30（5）：831－841.

［15］WALSH E , MUZYCHKA Y, WALSH P, et al. Pressure drop in two-phase slug/bubble flows in mini scale capillaries［J］. International Journal of Multiphase Flow, 2009, 35（10）：879－884.

［16］SUN L C, MISHIMA K. Evaluation analysis of prediction methods for two-phase flow pressure drop in mini-channels［J］. International Journal of Multiphase Flow, 2009, 35（1）：47－54.

［17］CHEN I Y, TSENG C Y, LIN Y T, et al. Two-phase flow pressure change subject to sudden contraction in small rectangular channels［J］. International Journal of Multiphase Flow, 2009, 35（3）：297－306.

［18］LEE C Y , Lee S Y. Pressure drop of two-phase dry-plug flow in round mini-channels：Effect of moving contact line［J］. Experimental Thermal and Fluid Science, 2010, 34

（1）：1 – 9.

［19］劳力云，张宏建，张鸣．应用信号处理技术实现两相流参数检测：多相流检测技术进展［M］．北京：石油工业出版社，1996，16 – 20.

［20］FANG L, LIANG Y, ZHANG Y. The study of flow characteristic of gas-liquid two-phase flow based on the near-infrared detection device［J］. American Institute of Physics Conference Series, 2014, 1592（1）：236 – 245.

［21］CIONCOLINI A, THOME J R. Void fraction prediction in annular two-phase flow［J］. International Journal of Multiphase Flow, 2012, 43：72 – 84.

［22］SCHMIDT J, GIESBRECHT H, VANDERGELD C W M. Phase and velocity distributions in vertically upward high-viscosity two-phase flow［J］. International Journal of Multiphase Flow, 2008, 34：363 – 374.

［23］白博峰，张少军，赵亮，等．多相流流型在线识别理论研究［J］．中国科学，2009，39（4）：655 – 660.

［24］张琳，李长俊．多相流量计的应用研究［J］．计量技术，2006，9：31 – 32.

［25］张钦杰，曹学文．气液两相流管道振动机理研究［D］．青岛：中国石油大学（华东），2009.

［26］刘勇，唐晓军，杨宏旻，等．流化床燃烧声发射与气固两相流特性研究［J］．工程热物理学报，1999，020（001）：102 – 105.

［27］陈敏．多相流体系中若干关键参数的声发射检测和应用［D］．杭州：浙江大学，2012.

［28］方立德，赵敏慧，杨英昆，等．气液两相流动噪声特性及相含率测量模型［J］．哈尔滨工程大学学报，2019，40（08）：1530 – 1536.

［29］张志强．基于声发射的两相流参数检测技术研究［D］．呼和浩特：内蒙古科技大学，2015.

［30］张凯，胡东芳，王保良，等．基于 CCERT 与声发射技术的气液固三相流相含率测量［J］．北京航空航天大学学报，2017，43（11）：2352 – 2358.

［31］安连锁，刘伟龙，陈栋，等．基于声发射的管道内气固两相流颗粒相含量测量［J］．热力发电，2017，46（11）：32 – 38.

［32］王志春，袁小健，王月明，等．基于声发射的气固两相流质量流率及粒径的测量［J］．仪表技术与传感器，2017（7）：93 – 96.

［33］刘刚，陈超，韩金良．AE 检测液固两相流室内模拟研究［J］．科技导报，2012，30（22）：25 – 29.

［34］李海广，李帅，郑坤灿，等．稠密气固两相流凸台绕流的声发射测试［J］．仪表技术与传感器，2018（2）：175 – 179.

［35］张东领，尚战龙．多相流管道泄漏检测技术的发展现状［J］．油气储运，2007（02）：38 – 41.

［36］王志春，袁小健，李海广，等．基于声发射的气固两相流流型识别［J］．化学工程，

2017（5）：51 − 55.

[37] 陈超，于起玲，钱玉祥，等. 一种基于声发射检测油砂两相流流量的方法［J］. 科技导报，2014，32（8）：58 − 63.

[38] 李小亭，卢庆华，方立德，等. 基于声发射技术和小波变换的气 − 液两相流动噪声特性研究［J］. 电子测量与仪器学报，2012，26（12）：1031 − 1036.

[39] 陈惜明. 基于声发射信号的集成建模技术及其在颗粒检测中的应用研究［D］. 杭州：浙江大学，2009.

[40] 曹翌佳. 气固反应器中基于声发射信号的故障检测与诊断［D］. 杭州：浙江大学，2010.

[41] 张子吟. 气液两相流流动噪声检测及特性研究［D］. 保定：河北大学，2012.

[42] 王志春，袁小健，王月明，等. 声发射信号分析与气 − 固两相流粒径测量［J］. 压电与声光，2007（2）：299 − 303.

[43] 于金涛. 声发射信号处理算法研究［M］. 北京：化学工业出版社，2017.

[44] 程智海，刘汇泉，刘勇，等. 基于声发射信号与 BP 神经网络的煤粉粒径识别研究［J］. 振动与冲击，2020，39（11）：258 − 264.

[45] CYCIL M，CHARLES E C. Shock and vibration handbook［M］. 5th ed. Beijing：China Petrochemical Press，2008.

[46] 刘刚，陈超，韩金良，等. 液固两相流声发射检测系统设计及实验评价［J］. 振动与冲击，2012，31（22）：178 − 182.

[47] 曹翌佳，王靖岱，阳永荣. 声波信号多尺度分解与固体颗粒质量流率的测定［J］. 化工学报，2007，58（6）：1404 − 1410.

[48] 李孟源. 声发射检测及信号处理［M］. 北京：科学出版社，2010.

[49] 王牛俊，陈莉. 声发射检测技术的原理及应用［J］. 轻工科技，2010（2）：41 − 43.

[50] 樊保圣. 金属材料损伤过程声发射特征参数及损伤模型研究［D］. 南昌：南昌大学，2012.

[51] CHEN H，CHEN K，YANG M，et al. A fractal capillary model for multiphase flow in porous media with hysteresis effect［J］. International Journal of Multiphase Flow，2020，125（103208）.

[52] 傅翀. 基于光电池阵列传感器的小通道气液两相流参数检测系统［D］. 杭州：浙江大学，2013.

[53] 杨英昆. 基于多孔孔板的气液两相流声发射信号特性及测量模型研究［D］. 保定：河北大学，2018.

[54] YOON S W，CRUM L A，PROSPERETTI A，et al. An investigation of the collective oscillations of a bubble cloud［J］. Journal of the Acoustical Society of America，1991，89（2）：161 − 171.

[55] MANASSEHA R，RIBOUXB G，RISSOB F. Sound generation on bubble coalescence following detachment［J］. International Journal of Multiphase Flow，2008，34（10）：

938 – 949.

[56] TANAHASHI E I, PAIVA T A, GRANGERIRO F A, et al. Application of the ultrasonic technique for monitoring intermittent liquid-gas and liquid-solid flows [C]. The 7th North American Conference on Multiphase Technology, 2010.

[57] GEIGHTON J L, PAIVA T A, CARVALHO R D M, et al. Application of the ultrasonic technique for monitoring and measuring the phase fractions of liquid-gas-solid mixtures [R]. Macae: Society of Petroleum Engineers, 2011.

[58] LEIGHTON T G, FAGAN K J, FIELD J E. Acoustic and photographic studies of injected bubbles [J]. European Journal of Physics, 1991, 12 (12): 77.

[59] 韩梅, 沙作良, 伍倩, 等. 双探针电导探头测量气泡参数的信号质量 [J]. 过程工程学报, 2009, 9 (2): 222 – 227.

[60] 蒙祖强. C ++ Builder 程序员成长攻略 [M]. 北京: 中国水利水电出版社, 2006.

[61] 关爱锐, 刘旭华. 基于 C ++ builder 的高采样率动态信号实时绘图研究 [J]. 现代电子技术, 2013, 36 (12): 53 – 55.

[62] BÖHM L, KURITA T, KIMURA K, et al. Rising behaviour of single bubbles in narrow rectangular channels in newtonian and non-newtonian liquids [J]. International Journal of Multiphase Flow, 2014, 65: 11 – 23.

[63] WEN W, ZONG G, BI S. A bubble detection system for propellant filling pipeline [J]. Review of Scientific Instruments, 2014, 85 (6): 065106 – 065106 – 7.

[64] STRASBERG M. Gas bubbles as sources of sound in liquids [J]. Journal of the Acoustical Society of America, 1956, 28 (1): 20 – 26.

[65] 王同吉. 气液段塞流液塞卷吸气体研究 [D]. 青岛: 中国石油大学 (华东), 2012.

[66] SUN H, LIU X L, ZHANG S G, et al. Experimental investigation of acoustic emission and infrared radiation thermography of dynamic fracturing process of hard-rock pillar in extremely steep and thick coal seams [J]. Engineering Fracture Mechanics, 2020, 226 (2020): 1 – 14.

[67] 赵胜华, 冯依锋, 罗丹鹏. 声发射技术在桥梁检测中的应用综述 [J]. 广西大学学报 (自然科学版), 2009, 34 (s1): 256 – 259.

第二章

流动噪声的理论机理分析

第一节 流动噪声基本概念及产生机理

一、流动噪声基本概念

流动噪声主要是管道内部的两相流体在流动过程中，两相流体之间以及两相流体与管道之间相互作用时产生的附加信息。流体在管道内流动越剧烈，产生的流动噪声也就越强烈，流动噪声直接反映两相流体在管道内的流动状态，其掺杂的信息十分丰富。

气动声学作为流动噪声研究领域的一个重要学科，从莱特希尔在这方面所做的创造性工作到现在，在理论和实践上得到了更大的发展和更广泛的应用。莱特希尔理论对于固体边界不起主要作用的地方是适用的。单极子、偶极子和四极子是气动噪声中的三种主要阶次的噪声源。通过图 2 - 1 可以对三种声源的一些主要特征有个简单的了解。

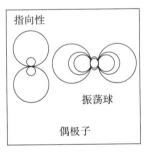

图 2 - 1 基本声源特征比较

1. 单极子声源

将单极子作为一个脉动的质量的点源。球表面上存在的单极子声源，其振幅和相位是一样的，静止流体中存在的单极子声源都具有指向性且在各个方向上的指向性是均匀的。

2. 偶极子声源

研究者将偶极子认为是两个互相十分接近但相位相差 $180°$ 的单极子。其声场的特征是声压在与该声场最大值垂直方向上的声压值为 0，和在声源产生的地方流体的流入、流出运动过程中产生的相位差一样，声瓣在声场中的相位差为 $180°$。

3. 四极子声源

四极子声源可以被定义为是由两个相位不同的偶极子产生的，同样也可以认为是由四个单极子形成的。因为偶极子中存在着一个轴，可以有横向或者纵向组合，当是横向组合时，偶极子表现出来的为剪切应力，当为纵向组合时，表现出来的是纵向应力。

4. 实际声源

对于一个实际声源来说，其组合可以看作是由多个单极子分布组成的系统，其中单极子都拥有合适的幅值与相位。当然在一般情况下，是不可以这样将具体问题公式化的，然而如果采用偶极子和四极子这种特性的单极组合，就可以把这样的直觉知识应用在特殊的问题中。

流体在管道内部流动时，由于流体与管壁的耦合作用，其运动在管道振动产生噪声，并且噪声大小的变化与在管道内流体流动的形态有关。不同流型会产生不同的噪声，因而可以根据噪声的情况以及管道振动情况来判断管道内流体的运动形态。尤其是两相流在管道中流动时，产生的噪声受外界的影响小，主要是由内部的流体流动的情况决定的。

单相流与多相流在不同的管道中都会产生不同的噪声信号，对于单相流来说，管内的液体或者气体与管壁之间的摩擦是噪声信号的来源。而对于多相流来说，噪声的来源要比单项流复杂得多[1]，除了与单项流同样的来源外，还包括气液之间的摩擦，气液之间的相分离以及气液本身的不规则运动[2]。当流型发生变化时，由于压力脉动的产生会引起管道的振动，也会产生噪声。

二、流动噪声产生机理分析

气液两相流中由于气体与液体共同存在，所以气液两相流中产生的振动是很复杂的[3]，它是由许多不同频率的振动共同组成的。气液两相流流经多孔孔板产生噪声的机理[4]有四种：①气液两相流在未流经多孔孔板时，气体、液体与管壁会产生摩擦，摩擦振动产生一定的噪声；②气液两相流流经多孔孔板时，气体、液体与孔板上的孔产生摩擦[5]，摩擦振动产生的噪声，可以通过安置在多孔孔板上的压电探头采集；③管中气体和液体之间的摩擦与相分离等复杂的相互作用产生振动，也会产生一定的噪声；④由于管中流型的变化，气体和液体本身会呈现许多不规则运动，这些运动会产生不同程度的气泡，包括气泡的大小、多少或者气泡融合、分离等都会引发噪声[6]。

采用声发射技术对气液两相流动噪声进行研究，耦合作用所导致的气液两相流管道中的流动噪声被耦合在管道壁上的声发射探头以弹性波的形式接收，经过信号的放大、处理与显示，就能从微观的角度对气液两相流动机理进行研究。流动噪声容易获得，并且信号采集为非侵入式，对流动形态不产生任何影响，气液两相流流动过程中流动介质也不会对探头产生不利影响。另外，由于声发射信号本身的特点，即变化特征明显，从而对流型比较敏感，是非侵入式测量流型较好的方法。对于采集的噪声信号，可以通过流动噪声信号的时域、傅里叶变换的频域进行分析，以及对不同气相、液相下的相关维数进行分析，从而对流动噪声信号的产生机理进行深入研究，进一步对流动噪声信号的识别与流型识别、流动噪声信号特征、流动噪声信号以及过渡流型的特征等进行研究。

在两相流动过程中，气相和液相会随着相对运动速度的不同两相之间产生位移，这样会传播一种弹性波，导致声发射现象的产生。管内气液两相流动噪声信号包含气液两相流与管壁的摩擦以及气液两相之间的相对运动。实验采集的声发射时域信号能很好地反映两相流动过程不同工况下流动噪声的强烈程度。下面给出垂直管单相流动状态下的流动噪声信号时域图以及泡状流与弹状流两种典型流型的流动噪声信号时域图，如图 2 - 2、图 2 - 3 和图 2 - 4 所示。

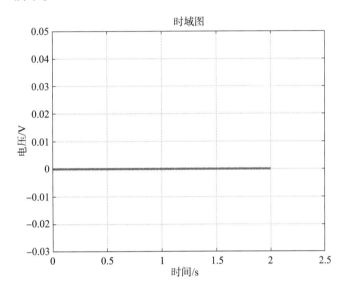

图 2 - 2　单相流动状态下的流动噪声信号时域图

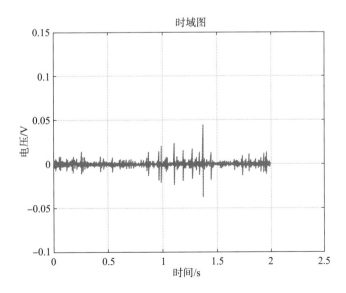

图 2 - 3　泡状流流动噪声信号时域图

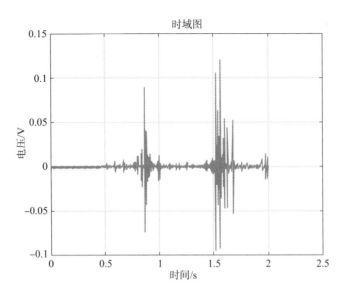

图 2 - 4　弹状流流动噪声信号时域图

如图 2 - 4 所示，在垂直管中，由于单相水流动只受重力影响，声发射应力波信号主要来自液体与管壁的摩擦，接收的信号幅值相比两相流明显更小。弹状流流动噪声信号在无气弹经过时电压幅值相对较小，信号整体出现了类似突发型声发射信号的特征，并呈现周期性变化。原因在于有气弹经过时两相流流体相互振动摩擦明显，气弹带动水流造成两相之间相互作用力增强，电压幅值明显增大。在无气弹和破碎的气泡经过时，此时声发射检测到的管内流动噪声主要来源于液相与管壁的摩擦，电压幅值较小。伴随着液相流流量的增大，两相流流型从弹状流过渡为泡状流。大的气弹也随着液体流量的增加撞击破裂为小气泡。正因为气液两相之间相互作用更加明显，相比弹状流电压幅值变化更为剧烈。通过气液两相流时域信号能很明显地区分泡状流与弹状流。产生这种变化的原因在于，随着气相和液相流量的不断变化，两相之间的卷吸作用力也不断变化，从而引起两相流动声发射信号强度的变化。

为了对垂直管气液两相流流动噪声信号进行更深入的研究，我们结合小波分析，将原始信号进行 9 层小波分解，将小波分解得到的 10 个尺度进行重极差（R/S）分析。图 2 - 5 表示的是在垂直管两相流不同工况点下，以 $\lg(R/S)$ 为纵坐标，以 $\lg n$ 为横坐标绘制的不同尺度 R/S 分析图。

由图 2 - 5 可以明显发现在小波分解各尺度 R/S 分析图中有许多明显的拐点，说明气液两相流本身具有双分形性，在时间序列上既存在持久性又呈负相关性。采用小波与 R/S 分析，并结合最小二乘拟合的方法，分别计算垂直管气液两相流动噪声信号经过 9 层小波分解之后各尺度的 Hurst 指数，发现在细节信号 d1、d2、d3 三个尺度上 Hurst 指数均小于 0.5，造成气液两相流具有双分形性的原因在于细节信号为高频段信号。而在 d4 ~ d9 以及 a9 尺度上 Hurst 指数均大于 0.5。由此得出结论，细节信号 d1、d2、d3 三个尺度所对应的高频段信号呈反持久性，这是由离散相（气相）与连续相（液相）之间的不规则撞击以

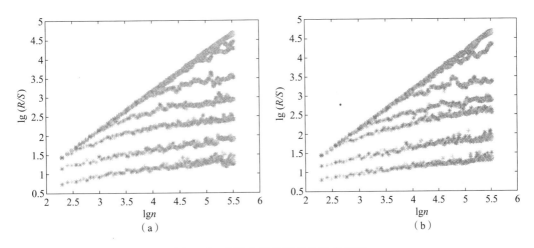

图 2 - 5　小波分解各尺度 R/S 分析图

（a）弹状流各尺度 R/S 分析图；（b）泡状流各尺度 R/S 分析图

及气泡带动水流造成的卷吸作用力造成的。而在低频段信号呈持久性，对应的是声发射检测系统接收的流体与管壁的摩擦信号。

第二节　流动噪声基本方程

一、流体流动方程

流体运动极其复杂，但也有其内在规律。这些规律就是自然科学中通过大量实践和实验归纳出来的质量守恒定律、动量定理、能量守恒定律、热力学定律以及物体的性质。它们在流体力学中有其独特的表达形式，组成了制约流体运动的基本方程。

1. 连续方程

1）微分形式的连续方程

质量守恒定律表明，同一流体的质量在运动过程中保持不变。下面从质量守恒定律出发推导连续性方程。

在流体中任取由一定流体质点组成的物质体，其体积为 V，质量为 M，则

$$M = \int_V \rho \mathrm{d}V \tag{2-1}$$

因假定流体为连续介质，流体密度和速度均为空间和时间的连续函数，被积函数连续，且体积 V 是任意选取的，故被积函数必须恒等于零，于是有

$$\frac{\mathrm{D}\rho}{\mathrm{D}t} + \rho \, \nabla \cdot \vec{v} = 0 \tag{2-2}$$

式（2-2）称为微分形式的连续性方程。

在直角坐标系中，微分形式的连续性方程为

$$\frac{\partial \rho}{\partial t} + \frac{\partial (\rho v_x)}{\partial x} + \frac{\partial (\rho v_y)}{\partial y} + \frac{\partial (\rho v_z)}{\partial z} = 0 \qquad (2-3)$$

式中，ρ 为密度；t 为时间。

微分形式的连续性方程适用于可压缩流体非恒定流，它表达了任何可实现的流体运动所必须满足的连续性条件。其物理意义是流体在单位时间流经单位体积空间时，流出与流入的质量差与其内部质量变化的代数和为零。

2）积分形式的连续性方程

对式（2-2）应用物质体积分的随体导数公式，则

$$\int_V \frac{\partial \rho}{\partial t} \mathrm{d}V + \oint_S \rho v_n \mathrm{d}S = 0 \qquad (2-4)$$

这就是积分形式的连续性方程。

2. 运动方程

连续性方程是控制流体运动的基本方程之一，它只限于流体运动必须遵循的一个运动学条件。因此，还需从动力学角度提出流动必须满足的条件，即运动方程（Equation of motion），这样才能组成求解流动的最基本的方程组。

1）应力表示的运动方程

以流体中的微小六面体作为隔离体进行分析。微小六面体的质量为 $\rho \mathrm{d}x\mathrm{d}y\mathrm{d}z$。作用在六面体上的表面应力每面有三个：一个法向应力，两个切应力。设法向应力沿外法线为正向，设包含 A 点的三个面上的切应力为负向，则包含 H 点的三个面上的切应力必为正向。

根据牛顿第二定律写出 x，y，z 方向的动力平衡方程式。则

$$\left.\begin{aligned} X + \frac{1}{\rho}\left(\frac{\partial p_{xx}}{\partial x}\right) + \frac{1}{\rho}\left(\frac{\partial \tau_{yx}}{\partial y} + \frac{\partial \tau_{zx}}{\partial z}\right) &= \frac{\mathrm{d}v_x}{\mathrm{d}t} \\ Y + \frac{1}{\rho}\left(\frac{\partial p_{yy}}{\partial y}\right) + \frac{1}{\rho}\left(\frac{\partial \tau_{xy}}{\partial x} + \frac{\partial \tau_{zy}}{\partial z}\right) &= \frac{\mathrm{d}v_y}{\mathrm{d}t} \\ Z + \frac{1}{\rho}\left(\frac{\partial p_{zz}}{\partial z}\right) + \frac{1}{\rho}\left(\frac{\partial \tau_{xz}}{\partial x} + \frac{\partial \tau_{yz}}{\partial y}\right) &= \frac{\mathrm{d}v_z}{\mathrm{d}t} \end{aligned}\right\} \qquad (2-5)$$

上式就是以应力表示的黏性流体的运动微分方程。这是流体运动方程中最一般的表达形式。

上述推导表明，流体运动方程为牛顿第二定律在流体运动中的应用。因为牛顿第二定律就是动量定律，因此运动方程有时也称为动量方程。

2）纳维-斯托克斯方程

对于不可压缩牛顿流体的本构方程式

$$p_{ij} = -p\delta_{ij} + 2\mu\varepsilon_{ij}, \quad (i, j = 1, 2, 3) \qquad (2-6)$$

有

$$\frac{\mathrm{d}u_i}{\mathrm{d}t} = F_i - \frac{1}{\rho}\frac{\partial p}{\partial x_i} + \frac{\mu}{\rho}\frac{\partial}{\partial x_j}\left(\frac{\partial u_j}{\partial x_i} + \frac{\partial u_i}{\partial x_j}\right) \qquad (2-7)$$

对于不可压缩流体,有

$$\frac{\partial}{\partial x_j}\left(\frac{\partial u_j}{\partial x_i}\right) = \frac{\partial}{\partial x_i}\left(\frac{\partial u_j}{\partial x_j}\right) = 0 \tag{2-8}$$

而

$$\frac{\partial}{\partial x_j}\left(\frac{\partial u_i}{\partial x_j}\right) = \frac{\partial^2 u_i}{\partial x_j \partial x_j} = \frac{\partial^2 u_i}{\partial x_j^2} = \nabla^2 u_i \tag{2-9}$$

式中,$\nabla^2 = \dfrac{\partial^2}{\partial x_i^2} + \dfrac{\partial^2}{\partial x_2^2} + \dfrac{\partial^2}{\partial x_3^2} = \dfrac{\partial^2}{\partial x^2} + \dfrac{\partial^2}{\partial y^2} + \dfrac{\partial^2}{\partial z^2}$ 为拉普拉斯 (Laplace) 算子。将式 (2-9) 代入式 (2-7),得

$$\frac{\mathrm{d}u_i}{\mathrm{d}t} = F_i - \frac{1}{\rho}\frac{\partial p}{\partial x_i} + v\,\nabla^2 u_i \tag{2-10}$$

式中,v 为运动黏滞系数, $v = \mu / \rho$。

式 (2-10) 即纳维 - 斯托克斯 (Navier - Stokes) 方程,简称 N - S 方程。

如果流体为理想流体,运动黏滞系数 $v = 0$,则 N - S 方程就成为理想流体的运动微分方程,即 Euler 运动微分方程:

$$\frac{\mathrm{d}u_i}{\mathrm{d}t} = F_i - \frac{1}{\rho}\frac{\partial p}{\partial x_i} \tag{2-11}$$

如果流体为静止或相对静止流体,则 N - S 方程成为流体的平衡微分方程,即 Euler 平衡微分方程:

$$F_i - \frac{1}{\rho}\frac{\partial p}{\partial x_i} = 0 \tag{2-12}$$

3) 兰姆 - 葛罗米柯方程

将加速度 $\dfrac{\mathrm{d}\vec{v}}{\mathrm{d}t}$ 写成

$$\frac{\mathrm{d}\vec{v}}{\mathrm{d}t} = \frac{\partial \vec{v}}{\partial t} + \vec{v} \cdot \nabla \vec{v} \tag{2-13}$$

考虑到场论中基本运算公式

$$(\vec{a} \cdot \nabla)\,\vec{a} = \nabla \frac{a^2}{2} - \vec{a} \times \mathbf{rot}\vec{a} \tag{2-14}$$

则

$$\frac{\mathrm{d}\vec{v}}{\mathrm{d}t} = \frac{\partial \vec{v}}{\partial t} + \nabla \frac{V^2}{2} + \mathbf{rot}\vec{v} \times \vec{v} \tag{2-15}$$

将惯性加速度写成上述形式的优点在于它将 $\vec{v} \cdot \nabla \vec{v}$ 中的位势部分和涡旋部分分开,这样做在解决具体问题时常常是方便的。将式 (2-15) 代入式 (2-11),得

$$\rho\left(\frac{\partial \vec{v}}{\partial t} + \nabla \frac{V^2}{2} + \mathbf{rot}\bar{v} \times \vec{v}\right) = \rho \vec{F} + \nabla \cdot P \tag{2-16}$$

这就是所谓的兰姆－葛罗米柯（Lamb－Гpomeko）形式的运动方程。

3. 动量方程

流体运动方程连同连续性方程原则上已可求解流动的流速分布和压强分布。进而，由流速分布通过本构方程求得切应力分布。通过积分即可求出某一作用面上的流体合力，这常常是许多工程问题所需要寻求的，如作用于水轮机叶片上的力、作用于火箭的合力以及作用于螺旋桨的推力等。但工程上往往只关心总的合力，并不关心其分布情况。若按上述方法，工作量甚大，又非必须。而动量方程（动量的积分方程）则可以简单、方便地解决这类问题。

下面从动量定理出发推导运动方程。

任取一体积为 V 的流体，它的边界面为 S。根据动量定理，体积 V 中流体动量的变化率等于作用在该体积上的质量力和表面力之和。以 $\vec{F}$ 表示作用在单位质量上的质量力分布函数，而 p_n 为作用在单位面积上的表面力分布函数，则作用在 V 上和 S 上的总质量力和表面力分别为 $\int_V \rho \vec{F} \mathrm{d}V$ 和 $\int_S p_n \mathrm{d}S$，其次，体积 V 内的动量是 $\int_V \rho \vec{v} \mathrm{d}V$。于是动量定理可写成：

$$\frac{\mathrm{d}}{\mathrm{d}t} \int_V \rho \vec{v} \mathrm{d}V = \int_V \rho \vec{F} \mathrm{d}V + \int_S p_n \mathrm{d}S \qquad (2-17)$$

对式（2-17）左边应用物质体积分的随体导数公式（2-12）得

$$\int_V \frac{\partial(\rho \vec{v})}{\partial t} \mathrm{d}V + \int_S \rho v_n \vec{v} \mathrm{d}S = \int_V \rho \vec{F} \mathrm{d}V + \int_S p_n \mathrm{d}S \qquad (2-18)$$

这就是积分形式的动量方程，一般称为动量方程（Momentum equation）。式中，v_n 是表面外法线方向的速度分量。

把总质量力 $\int_V \rho \vec{F} \mathrm{d}V$ 和表面力 $\int_S p_n \mathrm{d}S$ 分别利用 $\sum \vec{F}_B$ 和 $\sum \vec{F}_S$ 表示，则式（2-18）表示为

$$\int_V \frac{\partial(\rho \vec{v})}{\partial t} \mathrm{d}V + \int_S \rho v_n \vec{v} \mathrm{d}S = \sum \vec{F}_B + \sum \vec{F}_S \qquad (2-19)$$

这就是动量方程的普遍形式。式中左端第一项表示体积 V 内流体动量随时间的变化率；第二项表示穿越边界面 S 的动量流量。动量方程表明这两项矢量和等于作用于体积 V 的外力的矢量和。

4. 能量方程

原则上讲，联合求解运动方程和连续方程可以得到不可压缩流体的流场各点的流速和压强，但当不可压缩流体需考虑温度或能量变化时，还需要另一个基本方程，即能量方程。

1）积分形式的能量方程

将能量守恒定律具体应用于流体运动即得流体运动的能量方程。实际流体有黏性，黏

滞切应力做功而消耗机械能，这些机械能是以转化为热能的方式而耗损的，所以能量守恒的关系对于实际流体来说应同时考虑机械能和热能。在流场中任取一控制体，其界面为 S，体积为 V。对于该流体，能量守恒定律可表达为体积 V 内流体总能量的变化率等于单位时间内由外界传入该流体的热量加上外力对该流体所做的功。表述如下：

$$\frac{\mathrm{d}E}{\mathrm{d}t} = Q_{\mathrm{H}} + W \tag{2-20}$$

式中，E 为体积 V 内流体的总能量；Q_{H} 为单位时间内由外界传入流体的热量；W 为同一时段内外力对流体所做的功。具体分析如下。

运动流体的能量包括内能、动能和势能三种形式。内能是指分子运动的动能和分子势能的总和，它随温度变化而变化。单位质量流体所含有的内能用 e_{I} 表示。

若质量为 ΔM 的流体，其速度为 v，则动能为 $\frac{1}{2}\Delta Mv^2$，因此单位质量的动能为 $e_{\mathrm{k}} = \frac{v^2}{2}$。势能来源于保守力场。一般情况下，作用于流场的保守力是重力，因而流体的势能取决于位置的高度。设 z 为某一个基准面以上的高度，则单位质量的势能可表示为 $e_{\mathrm{p}} = gz$。

则单位质量流体的能量可写为

$$e = e_{\mathrm{I}} + \frac{v^2}{2} + gz \tag{2-21}$$

因此，体积为 V、密度为 ρ 的流体所具有的能量 E 可写为

$$E = \int_V \rho e \mathrm{d}V = \iint_V \left[\rho \left(e_{\mathrm{I}} + \frac{v^2}{2} + gz \right) \right] \mathrm{d}V \tag{2-22}$$

传递热量的方式有传导、对流和辐射三种。对流传热是依靠流体的流动进行的，可以在计算流体质量的流动中同时计及，不必另行计算；辐射热流动在一般流动的能量问题中可以不考虑。这里，我们主要考虑热传导传热。热传导的规律由 Fourier 定律表示：

$$q_{\mathrm{h}} = -k_{\mathrm{h}}\mathbf{grad}T \tag{2-23}$$

式中，q_{h} 为单位时间内通过表面单位面积传入的热流通量；k_{h} 为导热系数；T 为温度。该式表达了三维温度场中的热量传递，负号表示热量从高温向低温传递。

对于体积为 V 的流体，单位时间内通过界面 S 传入的热量可表示为

$$Q_{\mathrm{H}} = -\oint_S (-k_{\mathrm{h}}\mathbf{grad}T) \cdot \mathrm{d}\vec{S} = \oint_S (k_{\mathrm{h}}\mathbf{grad}T) \cdot \mathrm{d}\vec{S} \tag{2-24}$$

流体做功由作用于一部分流体表面的表面力和作用于流体质点的质量力通过位移和变形来完成。如果所研究的流体中有转动部件，还应考虑转轴功。

（1）对于所研究的流体，若微小表面积 $\mathrm{d}S$ 的移动速度为 $\vec{v}$，且把表面应力分为法向应力 σ_{n} 和切向应力 τ_{T}，则表面力在单位时间对体积为 V 的流体所做的功为单位时间内作用于流体控制面上的法向力的功 W_σ：

$$W_\sigma = -\oint_S \sigma_{\mathrm{n}} \vec{v} \cdot \mathrm{d}\vec{S} \tag{2-25}$$

单位时间内作用于流体控制面上的切向力的功 W_τ：

$$W_\tau = -\oint_S \tau_T \vec{T} \cdot \vec{v} \mathrm{d}S \tag{2-26}$$

式中，$\vec{T}$ 与表面相切且与 τ_T 同一指向的单位矢量。式（2-25）和式（2-26）中积分符号前均有一负号，是因为它们所表示的是对控制体内的流体所做的功。

（2）质量力包括重力以及重力以外的质量力。重力做功作为势能已计入，因此这里不再考虑。设 $\vec{F}$ 为重力以外的单位质量力，则单位时间内重力以外质量力对流体所做的功 W_F 为

$$W_F = -\int_V \rho \vec{F} \cdot \vec{v} \mathrm{d}V \tag{2-27}$$

（3）如果所研究的流体中有转动部件，如水轮机或水泵的转轮，则通过转轮可以做功。对于水轮机是流体做功；对于水泵是对流体做功。这种功称为转轴功 W_S。

综合起来，单位时间的功 W 可表示为

$$W = \frac{\mathrm{d}W_S}{\mathrm{d}t} - \oint_S \sigma_n \vec{v} \cdot \mathrm{d}\vec{S} - \oint_S \tau_T \vec{T} \cdot \vec{v} \mathrm{d}S - \int_V \rho \vec{F} \cdot \vec{v} \mathrm{d}V \tag{2-28}$$

将式（2-24）和式（2-28）代入式（2-20）得

$$\int_V \frac{\partial}{\partial t}\left[\rho\left(e_I + \frac{v^2}{2} + gz\right)\right]\mathrm{d}V + \int_S\left[\rho\left(e_I + \frac{v^2}{2} + gz\right)\right]\vec{v} \cdot \mathrm{d}\vec{S}$$

$$= \oint_S (k_h \mathbf{grad}T) \cdot \mathrm{d}\vec{S} - \frac{\mathrm{d}W_S}{\mathrm{d}t} + \oint_S \sigma_n \vec{v} \cdot \mathrm{d}\vec{S} + \oint_S \tau_T \vec{T} \cdot \vec{v} \mathrm{d}S + \int_V \rho \vec{F} \cdot \vec{v} \mathrm{d}V \tag{2-29}$$

式（2-29）是积分形式的能量方程。式中左端第一项为能量的就地增长率；第二项为流体运动从控制体净流出的能量通量。式中右端第一项为传入控制体的热量通量；第二项为流体做的转轴功；第三项为控制面上法向应力对流体做功的功；第四项为控制面上切向应力对流体做功的功率；最后一项为重力以外的其他质量力对流体做功的功率。

对于不可压缩理想流体恒定元流，式（2-29）可简化为伯努利能量方程：

$$z_1 + \frac{p_1}{\rho g} + \frac{v_1^2}{2g} = z_2 + \frac{p_2}{\rho g} + \frac{v_2^2}{2g} \tag{2-30}$$

式（2-30）为不可压缩理想流体恒定元流的伯努利能量方程。对于所研究的流体中没有转动部件时，转轴功为零。重力做功可以作为势能包括在能量项里，也可以作为重力功包括在功的项里。

2）微分形式的能量方程

利用积分形式的能量方程式可推导出微分形式的能量方程。

利用高斯公式 $\oint_S \vec{a} \cdot \mathrm{d}\vec{S} = \oint_S a_n \mathrm{d}S = \int_V \mathrm{div}\vec{a}\mathrm{d}V = \int_V \nabla \cdot \vec{a}\mathrm{d}V$

将其代入式（2-29）得

$$\int_V\left\{\frac{\partial}{\partial t}\left[\rho\left(e_I + \frac{v^2}{2}\right)\right] + (\vec{v} \cdot \nabla)\left[\rho\left(e_I + \frac{v^2}{2}\right)\right]\right\}\mathrm{d}V = \int_V[\nabla \cdot (k_h\nabla T) + \nabla \cdot (P \cdot \vec{v}) + \rho\vec{F} \cdot \vec{v}]\mathrm{d}V$$

$$\tag{2-31}$$

应用体积 V 的任意性，得到

$$\frac{\partial}{\partial t}\left(e_{\mathrm{I}} + \frac{v^2}{2}\right) + (\vec{v} \cdot \nabla)\left(e_{\mathrm{I}} + \frac{v^2}{2}\right) = \vec{F} \cdot \vec{v} + \frac{1}{\rho} \nabla \cdot (P \cdot \vec{v}) + \frac{1}{\rho} \nabla \cdot (k_{\mathrm{h}} \nabla T)$$

$$(2-32)$$

这就是微分形式的能量方程。

5. 基本方程组的封闭问题

连续性方程式（2-3）、N-S 运动方程式（2-10）和能量方程式（2-32）就是一般流体运动微分形式的基本方程组。当 $\vec{F}$、μ、v 和 k_{h} 已知时，独立的未知量有 $\vec{v}$ 的三个分量 ρ、e_{I}、T 和应力张量 P 的 6 个独立分量，共 12 个，而方程只有 5 个，因此方程组是不封闭的。

对于牛顿流体，由牛顿流体的本构方程，可以去掉应力张量中的 6 个变量，但又引入了一个变量 p，因此方程组中有 7 个变量，还应补充 2 个方程才能封闭。这两个方程可以从热力学中找到。

对于不可压缩流体，ρ 为常数，则由连续性方程和运动方程即可求解 $\vec{v}$ 和 p，然后再由能量方程求温度场。

二、流动噪声数学模型推导

当气液两相流被管壁反射时，会形成驻波。驻波在管壁上下振动，从而发出声波。当气液两相流在管道中流动时，气液相互作用产生各种形式的涡流辐射声波，声波产生的声压很强。由于气液两相流与管壁的相互作用产生的噪声都为气液两相流的背景噪声，需要对其进行识别和删除，进而实现声波检测。两相流管道中流体流动噪声的声辐射方程也可由基本流体力学 N-S 方程导出[7]。N-S 方程和流体运动方程必须忽略体积力，化简可得 Lighthill 方程[8]。

运动流体的声波方程表述为

$$\left(\frac{\partial^2}{\partial t^2} - c_0^2 \nabla^2\right)\rho = \frac{\partial_2 T_{ij}}{\partial x_i \partial x_j}$$

$$(2-33)$$

式中，∇ 表示哈密顿算子；T_{ij} 表示 Lighthill 应力张量。Lighthill 方程反映了声波运动与流体参数之间的关系，是研究流体发声的最基本方程。其通解为

$$\rho - \rho_0 = \frac{1}{c^2}\left[\frac{\partial_2}{\partial x_i \partial x_j}\int_{\Omega} \frac{T_{ij}}{4\pi r}\mathrm{d}\Omega + \frac{1}{4\pi}\frac{\partial}{\partial t}\int_{S} \frac{\rho v \cdot \boldsymbol{n}}{r}\mathrm{d}S - \frac{1}{4\pi}\frac{\partial}{\partial x_j}\int_{S} \frac{\boldsymbol{n}_i}{r}(\rho v_i v_j + \rho_{ij})\mathrm{d}S\right]$$

$$(2-34)$$

式中，
$$\rho' = \rho - \rho_0 \tag{2-35}$$

$$T_{ij} = \rho v_i v_j - e_{ij} + \delta_{ij}[(p - p_0) - c_0^2(\rho - \rho_0)] \tag{2-36}$$

$$\delta_{ij} = \begin{cases} 1 & i = j \\ 0 & i \neq j \end{cases} \tag{2-37}$$

S 为某有限空间的边界；Ω 为 S 包围的封闭空间；$\boldsymbol{n}$ 为单位向量；ρ 为流体密度，单位 $\mathrm{kg/m^3}$；v 为速度，单位 $\mathrm{m/s}$；p 为流体受到的压强，单位 Pa；c 为声速，单位 $\mathrm{m/s}$；t 为时

间，单位 s；x 为空间坐标，单位 m；i、j 为坐标轴分量。

流体声源可以看成是由流体内部应力所决定的四极子源、边界面上脉动力所决定的偶极子源与流体介质体积脉动所决定的单极子源的叠加[9]。若考虑管道壁与两相流的相互作用，可以得到 FW – H 方程，即

$$\frac{\partial^2 \rho'}{\partial^2 t} - c^2 \nabla^2 \rho' = \frac{\partial}{\partial t}\left[\rho v_i \frac{\partial f}{\partial x_i}\delta(f)\right] - \frac{\partial}{\partial x_i}\left[(p'\delta_{ij})\frac{\partial f}{\partial x_i}\delta(f)\right] + \frac{\partial^2 T_{ij}}{\partial x_i \partial x_j} \qquad (2-38)$$

式中，等式的右边的第一项表示单极子声源[10]；第二项为偶极子声源，表示区域内动量变化；第三项表示四极子声源，表示穿过空间固定表面的动量通量速率的变化[11]。

综上，该研究的声源包括单极子、双极子、四极子三种。单极子声源有质量源时发生，所以不予考虑。偶极子声源的产生是由于管口附近的气液两相流处于不稳定的状态。气液两相流与管壁的相互作用，在管壁产生了剧烈的振动，说明管道流动背景噪声与流体的流型有关。四极子声源的大小与马赫数的平方有关，这说明管内流动噪声与流体速度有关[12]。

第三节　流动噪声特性及影响因素

一、流动噪声基本特性

由于流动噪声信息的复杂性，需要从流体力学、水声学、气动声学、流固耦合力学等理论研究管内气液两相流流动噪声产生的机理，声场特性及理论模型的建立，管内气液两相流动噪声分属于纵波、横波及表面波的信号类型，流固耦合噪声与气液两相相互作用噪声的声源级、传播损失、目标强度、等效平面波混响级、频率、检测阀等特性，从噪声信号中提取出不同类型的声音信号，研究技术路线如图 2 –6 所示。

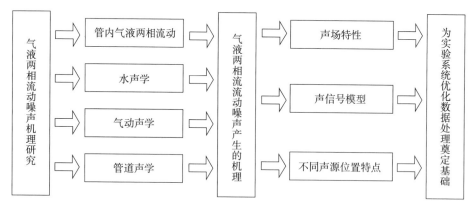

图 2 –6　气液两相流流动噪声机理研究技术路线

利用信任度函数检验传感器的支持程度，用信噪比实现小波去噪中小波基与分解层数的确定，将指数窗平滑法与小波变换相结合进行去噪，利用测量动态不确定度理论，对实时去噪结果进行评价。结果表明经过该方法去噪后的数据曲线更加平稳，为进一步提取气

液两相流动特征及构建定量测量模型奠定了基础。研究表明该方法是可行的。利用信任度函数检验传感器的支持程度，能提升实验数据的可信度；使用小波指数窗平滑法去噪的方法相比于小波去噪，提高了信噪比；声发射采集数据属于大样本，且具有实时性，采用动态不确定度对数据进行评定，体现出了去噪后具有实时性，正确反映小波指数窗去噪方法能够减少去噪过程中的能量泄露，Pesudo - Gibbs 现象得到明显改善。

如图 2 - 7 所示，采用小波变换和指数窗平滑法结合的去噪原理，将动态不确定度应用于噪声信号的评定。首先读入每个传感器探头的数据，利用信任度函数对传感器之间的支持程度进行确定，若各个传感器满足支持程度，则保留数据，若不满足要求则舍弃数据。对小波的小波基函数与分解层数进行确认，将信噪比作为去噪效果的评判依据，以保证数据信息不丢失。将确定输入的传感器数据和确定的小波分析去噪参数设定好，进行小波指数窗平滑去噪。利用动态不确定评价评定去噪效果。

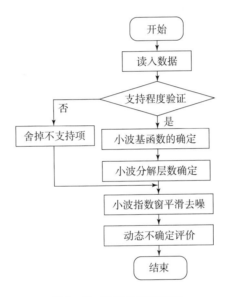

图 2 - 7　数据分析流程图

1. 传感器的检测

对于传感器而言，性能不稳定的传感器测量数据是否合理是不能断定的。因此对于传感器是否失效应进行一致性验证。Luo 采用置信距离比较测量数据，Hans 采用 2σ 信任度函数来表述各个传感器之间的信任度。本文采用 2σ 信任度函数来表述各个传感器之间的信任度，即

$$d_{ij} = \exp\left[-\frac{1}{2}\frac{(x_j - x_i)^2}{(2\sigma_i)^2} \right] \tag{2-39}$$

式中，x_i、x_j 为测量值；i 为方差。

用得到的数据求解传感器的支持程度所需的方差，具体数值如表 2 - 1 所示。

表 2-1 支持程度求解参数

序号	1	2	3	4
量值	0.004 0	0.004 0	0.001 1	0.000 5
δ^2（方差 e^{-7}）	0.010 3	0.004 5	0.004 7	0.007 6

将表 2-1 中的数据代入 2σ 信任度函数中进行计算得出信任度矩阵：

$$\boldsymbol{D}_{ij} = \begin{bmatrix} 1.000\ 0 & 0.981\ 1 & 0.002\ 8 & 0.983\ 9 \\ 0.957\ 7 & 1.000\ 0 & 0.000\ 0 & 0.852\ 2 \\ 0.000\ 0 & 0.000\ 0 & 1.000\ 0 & 0.000\ 0 \\ 0.978\ 3 & 0.909\ 1 & 0.000\ 8 & 1.000\ 0 \end{bmatrix}$$

取阈值 0.6 可以得出

$$\boldsymbol{D}_{ij} = \begin{bmatrix} 1 & 1 & 0 & 1 \\ 1 & 1 & 0 & 1 \\ 0 & 0 & 1 & 0 \\ 1 & 1 & 0 & 1 \end{bmatrix}$$

根据 $\boldsymbol{D}_{ij}$ 矩阵可以得出传感器组测量的支持程度，如图 2-8 所示。

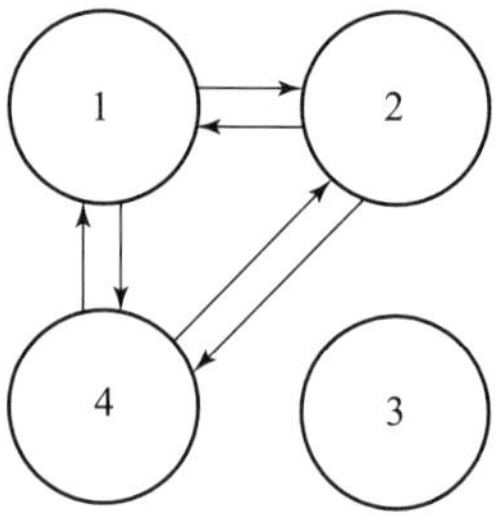

从信任度矩阵中可以清晰地得出 1 号与 2 号传感器相互支持程度高，而 4 号支持程度相对偏低，3 号支持程度为零。同样从图 2-8 也可以判断 3 号传感器为失效传感器。

图 2-8 传感器组支持程度

2. 小波基的选择

对于小波基的选择，从理论的角度分析小波基函数的性质和从量值的角度比较小波基函数的信噪比的大小。

通过对比 5 种小波的正交性、双正交性、紧支撑性、对称性、正则性，连续小波变换及离散小波变换的性质，可以得出 Haar 函数不具有正则性；Db 函数不具有对称性，近似正则性；Bior 不具有正交性和正则性；Coif 不具有近似对称性，不具有正则性；Sym 不具有近似对称性，不具有正则性。具体性质如表 2-2 所示。

表 2-2 小波的性质对比

函数	Haar	Db	Bior	Coif	Sym
正交性	√	√	×	√	√
双正交性	√	√	√	√	√
紧支撑性	√	√	√	√	√
对称性	√	×	√	—	—

续表

函数	Haar	Db	Bior	Coif	Sym
正则性	×	—	×	×	×
连续小波变换	√	√	√	√	√
离散小波变换	√	√	√	√	√

从理论的角度来看，声发射系统测得的流动噪声信号是连续性信号，为尽量满足信号的完整性可选择 Db、Sym、Coif 三个小波基函数。

利用小波中的小波基 Haar、Db、Bior、Coif、Sym，在默认分解层数为五层的基础上，采用软阈值处理方法进行去噪，得出相应的小波去噪后的数据。利用信噪比（SNR）作为小波基优越性确定的考量指标。信噪比越大，效果越好。

$$SNR = 10 \times \lg \frac{\sum_{i=1}^{n} f^2}{\sum_{i=1}^{n} (f - f_e)^2} \qquad (2-40)$$

式中，f 为原始数据；f_e 为去噪后的数据。

由图 2-9 可知，Db、Sym、Coif 三个小波基函数相对于其他小波基函数信噪比更大、更稳定。同时 Db 与 Sym 相等，随着 Db、Sym 的伸缩变化得到的小波基函数中 Db 的信噪比更大。

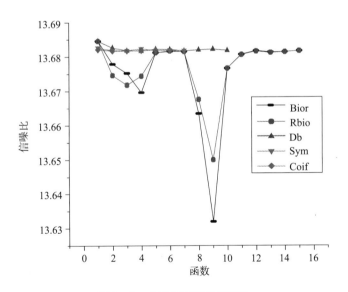

图 2-9　小波基函数的信噪比

综合理论分析与信噪比比较可以得出，小波基函数选择 Db 较合适。

3. 小波分解层数选择

以 Db 作为小波基函数，利用软阈值法进行小波去噪处理，在进行数据重构后，导出去噪后的数据，利用信噪比作为小波分解层数选择的指标。

在不同层数的小波基函数 Db1 的情况下，将处理后的数据与原始信号数据代入信噪比公式，得到 Db 随着分解层数的增加，信号的信噪比的变化量。从图 2 – 10 中可以看出，随着层数的增加，信噪比呈现逐步递减的趋势。从第 1 层到第 4 层信噪比数据的变化较大，从第 6 层到第 12 层数据趋向稳定。

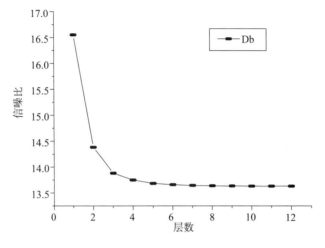

图 2 – 10　小波分解层数信噪比

在声发射噪声中，扰动噪声主要存在于低频信号中，主要流动噪声存在于高频信号中。在小波去噪中，随着分解层数的增加，对低频信号进行去噪越来越优化。同时，从数据计算量的角度来说，分解层数到第 6 层为最佳。因此，去噪处理采用小波基函数 Db，分解层数为 6。

4. 小波指数窗平滑法去噪分析

声发射采集的数据具有实时性与大样本性。在数据处理的过程中，通常是对一段时间片段进行测量和运算，在截取时间片段时，信号会发生能量泄漏，同时在进行小波分析时，将时域转换成频域，也会产生能量泄漏。当进行 FFT 变换时，会产生栅栏效应，这两种能量是不能相互抵消的。在这种情况下，当借助窗函数进行 FFT 变换时，会减少能量泄漏和栅栏效应。在小波指数窗平滑法去噪分析时，采用均方差（MSE）和信噪比（SNR）对选用窗平滑函数进行选择，如表 2 – 3 所示。

表 2 – 3　参数对比

方法	MSE	SNR
指数	$7.718\ 1 \times 10^{-9}$	$13.956\ 7$
高斯	$8.217\ 9 \times 10^{-9}$	$13.684\ 2$
Box	$8.077\ 8 \times 10^{-9}$	$13.758\ 9$
Lowess	$7.992\ 1 \times 10^{-9}$	$13.802\ 9$
Sgolay	$8.591\ 9 \times 10^{-9}$	$13.492\ 7$
Medfilt	$8.358\ 0 \times 10^{-9}$	$13.608\ 5$

根据均方差和信噪比的性质，均方差越小，信噪比越大，说明去噪效果越好。由表 2 - 3 可以得出指数滑动窗函数法相比于其他窗方法均方差最小，信噪比最大。因此可采用该方法减少和降低能量泄漏和栅栏效应。

选用 Db 小波基函数，分解层数为 6 层，进行去噪处理，同时选用软阈值中的指数窗平滑法进行去噪。在小波去噪和小波指数窗平滑法去噪不同情况下，对具有支持程度的 1、2、4 号传感器采集的数据采用均方差（MSE）和信噪比（SNR）进行比较，得到如表 2 - 4 所示的参数。

表 2 - 4　参数对比

探头	参数	小波去噪	小波指数窗平滑法
1	MSE	8.2665×10^{-9}	9.8950×10^{-11}
	SNR	13.6585	32.6864
2	MSE	3.8953×10^{-9}	8.3954×10^{-11}
	SNR	15.9126	32.4649
4	MSE	3.3811×10^{-9}	8.1452×10^{-11}
	SNR	18.2882	34.4049

从表中数据的信噪比可以看出，1 号探头的信噪比增长率为 139.31%，2 号探头的信噪比增长率为 104.02%，4 号探头的信噪比增长率为 88.13%。1 号小波指数窗比小波能量泄漏的减少 47.9%，4 号探头能量泄漏减少 52.3%。

具体噪声效果如图 2 - 11、图 2 - 12、图 2 - 13 所示。

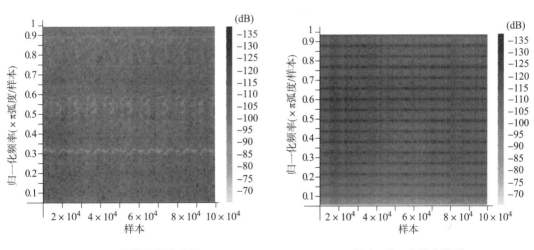

<table>
<tr><td>图 2 - 11　原始数据声谱图</td><td>图 2 - 12　小波声谱图</td></tr>
</table>

与静态测量不同，声发射装置采集的是动态数据，具有实时性、动态性、随机性，其影响因素复杂。因此，静态测量不确定度评定方法不能用于声发射测量数据。

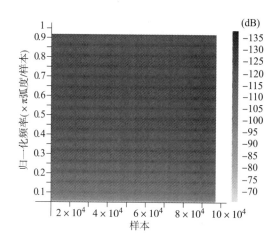

图 2 - 13 小波指数窗平滑声谱图

二、流动噪声影响因素分析

在采集时，若周围环境噪声较大，如水油泵、空压机等大型机器的固有噪声、管道自身振动噪声、两相流体与管壁间的流固耦合噪声，当所要采集的流动噪声强度小于这些噪声，流动噪声会被环境噪声覆盖，会导致所需声信号不突出、信号不稳定，并且有用的信号难以在所采集的数据中提取出来，这给进一步的数据分析处理带来了很多不便。

1. 单相流动噪声的影响因素

单相水、单相气在管道流动过程中，噪声产生的影响因素包括单相介质的密度、管道放置的方向（水平、垂直和倾斜）、温度、压力、管道种类粗糙度等。

2. 两相流动噪声的影响因素

气液、气固、液固在管道流动过程中，两相流动噪声包括两相间相互作用噪声、气固耦合噪声、液固耦合噪声、气液耦合噪声。噪声产生的影响因素包括各相介质的密度、两相接触过程中的相对滑动、管道放置的方向（水平、垂直和倾斜）、温度、压力、管道粗糙度等。另外，单相流体内部在运动过程中自身会产生微弱的噪声。

参 考 文 献

［1］ HAB T, WABG L, CEB K, et al. Flow - induced noise analysis for natural gas manifolds using LES and FW - H hybrid method ［J］. Applied Acoustics, 2020 (159)：1 - 12.

［2］ 纪健，李玉星，纪杰，等. 声波传感技术在多相流管道泄漏检测中的应用 ［J］. 油气储运，2018，37 (05)：493 - 500.

［3］ 傅翀. 基于光电池阵列传感器的小通道气液两相流参数检测系统 ［D］. 杭州：浙江大学，2013.

［4］ FU Y T, PHILLIP J, XIN Z, et. al. Investigation of the sound generation mechanisms for induct orifice plates [J]. The Journal of the Acoustical Society of America, 2017, 142 (2): 561 – 572.

[5] 李县法, 仲朔平, 孙艳飞. 孔板差压噪声的分析及其应用 [J]. 原子能科学技术, 2020, 44 (7): 829 – 835.

[6] 谭作武, 恽嘉陵, 凌金福. 磁流体推进器的数学模型 [J]. 船舶, 1997, (01): 37 – 43.

[7] 钱小平. 气液混输管道声学检测及安全运行研究 [D]. 北京: 中国石油大学, 2010.

[8] CARLOS I, MAHDI A, VICTOR R, et al. Prediction of jet mixing noise with Lighthill's acoustic analogy and geometrical acoustics [J]. The Journal of the Acoustical Society of America, 2017, 141 (2): 1203 – 1213.

[9] BOZORGI A, SIOZOS – ROUSOULIS L, NOURBAKHSH S A, et al. A two – dimensional solution of the FW – H equation for rectilinear motion of sources [J]. Journal of Sound and Vibration, 2017, 388.

[10] 张冬青. 高速车辆外部气流噪声预估与分析 [D]. 镇江: 江苏大学, 2010.

[11] 刘磊. 高速铁路轮轨、气动噪声及声屏障隔声性能仿真研究 [D]. 北京: 中国铁道科学研究院, 2012.

[12] 张坻, 李孔清, 王嘉, 等. 气液两相流噪声数值模拟 [J]. 矿业工程研究, 2017, 32 (01): 71 – 78.

第三章

流动噪声检测装置及气液两相流动模拟装置

第一节　流动噪声检测装置设计

一、流动噪声检测装置优化设计

图 3-1 所示为流动噪声信息采集原理，声发射探头利用压电效应将两相流动噪声信号转换为电信号。AMSY-5 是信号调理设备，可将探头测到的微弱电信号进行放大、整形和滤波并转换为数字量传送给台式计算机。图 3-2 所示为探头安放位置示意，图中黑点表示流体流出方向，C1、C2、C3 和 C4 分别表示探头 1、探头 2、探头 3 和探头 4。使用高真空油脂作为耦合剂使四个探头与管道壁面取得较好的接触，当管道内存在两相流时，液液、气液、气壁和液壁等之间的相互作用使管道中存在能够反映两相流流动机理的声发射信号。

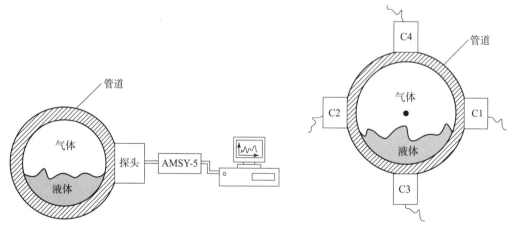

图 3-1　流动噪声信息采集原理　　　　图 3-2　探头安放位置示意

图 3-3 为加装波导管的检测系统示意。利用声发射技术实现气液两相流的流动噪声定量检测是本研究的关键，如何从众多的噪声信息中检测出流动噪声是一切后续研究的基础。由于管内气液两相流动复杂多变，流动噪声耦合了其他噪声成分，如动力源产生的管

道振动噪声、流体流过管道内壁产生的流固耦合噪声、气液两相流动相互作用的噪声。气液两相流动相互作用的噪声是本次研究的信号，且其强度可能小于前两种噪声，而前两种噪声属于干扰信号，应予以减小或消除。如果直接将声发射探头安装于管道壁上，则测得的噪声将包括上述全部，不利于信号的进一步分析处理，因此，本研究采用波导管的方法设计安装探头。通过这样处理后，探头测得的噪声主要由两部分构成：一部分是流体流过波导杆端部产生的流固耦合噪声；

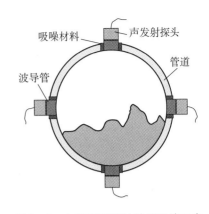

图 3 - 3　加装波导管的检测系统示意

另一部分是流体内部气液两相相互作用的噪声。虽然此时也存在流固耦合噪声，但由于采用了波导杆，其材料为固定材料，其流固耦合噪声规律可视为有用噪声并加以分析利用。

该种流固耦合噪声是由在波导探头附近的湍流附面层中的湍流作用在波导探头表面上的压力产生的。此外，流体流过波导管端面产生的摩擦与撞击也会产生噪声，这些属于探头的自噪声源。为了减小自噪声源，在测量管段设计时利用 CFD 仿真方法，尽可能将波导面设计成流线型，以降低流体的摩擦和直接撞击。

最后通过在管道壁上安放声发射探头的地方进行改良处理，添加吸噪材料，有效消除实验过程中管道传递的噪声、管壁流固耦合噪声以及实验环境中设备的噪声。

需要另外说明的是，波导管的长度与竖直管道的壁厚相同，吸噪底盘的内端面也与竖直管道的内侧壁相齐平，外端面凸出在竖直管道的外侧壁外；在吸噪底盘的外端面上开有凹槽，声发射传感器探头伸入凹槽内与吸噪底盘固接；设置的通孔为八个，且八个通孔平均分为两组，每一组的四个通孔均匀分布在管道侧壁的同一截面上，其中一组通孔位于另一组通孔的上方，两组通孔上下一一对应，每一通孔对应一个波导管和一个吸噪底盘。

声发射探测传感器主要包括高灵敏传感器、宽频带传感器、高温传感器、差动传感器、磁吸附传感器、电容式传感器等。其中高灵敏传感器是一种谐振式传感器，通常适用于某些特定频率信号的检测；宽频带传感器采用多个不同厚度的压电元件组成，可测量较宽频率范围的信号。这两种传感器是目前应用较多的探测器。传感器的选择要根据被测声发射信号的特点确定，首先要了解被测声发射信号的频率范围和幅值范围，有可能存在的噪声信号，选择对有用声发射信号灵敏，而对干扰信号不灵敏的传感器。本研究中气液两相流动噪声频率较高、频带宽，拟采用两种探头结合的方式进行实验测试。

传感器在每次使用前都要进行标定，以获得准确、可靠的实验数据，本研究采用激光脉冲法和断铅法结合进行标定。

检测装置结构设计示意如图 3 - 4（a）、图 3 - 4（b）所示，其实物如图 3 - 5所示。

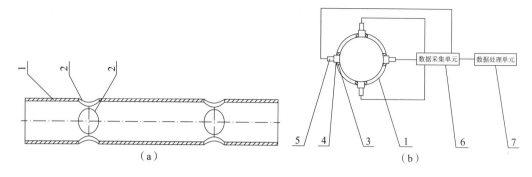

图 3 - 4　检测装置结构设计示意

1—竖直管道；2—圆形通孔；3—波导管；4—吸噪底盘；5—声发射传感器；

6—数据采集单元；7—数据处理单元

二、传声材料及吸噪材料

选取声阻抗较小和较大的两种材料——橡胶和铝，用铝作为波导杆材料。用橡胶将铝管与管道连接，这样可以有效地消除管道传递的噪声以及管壁流固耦合噪声。同时，实验管段与多相流实验装置连接拟采用软管方式，亦可以有效减小振动噪声。吸噪底盘为有机材料，可有效去除其他噪声对流体流动噪声的影响，并且声发射探头与多孔孔板之间采用真空油脂以达到探头与板表面的紧密接触的条件。探头与管道吸噪底盘涂有白凡士林耦合剂用于进行管道吸噪底盘与探头之间的密封，有利于气液两相流声发射弹性波的接收。

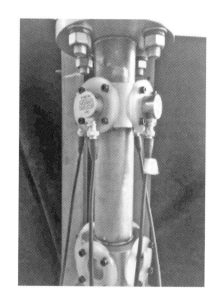

图 3 - 5　检测装置实物

第二节　气液两相流动模拟与校准装置研制

一、流动噪声检测的实验装置（方案一）

本实验是在河北大学质量技术监督学院的多相流实验检测平台上操作实施的，在此平台上能够实现油、气、水三相流的实时检测。该装置由油、气、水三路通道组成，如图 3 - 6 和图 3 - 7 所示。气路是由空压机将空气进行压缩、干燥后输入管道，管道上细分为三路通道输送气体，安装有不同流量计进行数据记录，实验时根据实际情况选择其中一路进行即可。水路与气路分别由安装在通道上的数控水泵进行输出，通道上都安装有流量计进行数据的采集记录，最后与气路混合可形成三相流。水和油是循环利用的，混合相的流

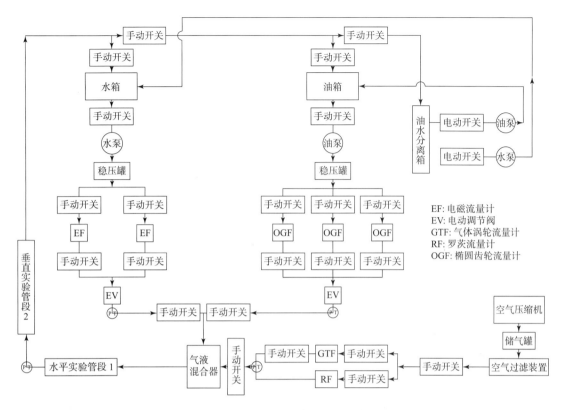

EF: 电磁流量计
EV: 电动调节阀
GTF: 气体涡轮流量计
RF: 罗茨流量计
OGF: 椭圆齿轮流量计

图 3 – 6　多相流实验检测平台设计图

动依次会经过水平和垂直实验管段，最终流入分离装置进行分离，气相会在分离装置中直接排到空气中，水相和油相将会进行自然的沉降分离，然后用各自的泵再将两相分别抽回到各自的储存罐中。在实验过程中，系统上安装的各种仪表、流量计会对所需的数据进行采集、记录，并且有些数据可以通过计算机显示出来。在这个系统中，气路有三路的设置，空压机提供的气相在经过稳压罐和空气过滤装置后进入

图 3 – 7　河北大学多相流实验检测平台现场

安装有流量计的管道。三路安装的流量计分别为气体涡轮流量计、气体罗茨流量计；水路上分为 DN32 和 DN10 两种管径，安装有电磁流量计，并且安装有手动开关及电动调节阀；油路分别为 DN10、DN20 和 DN40 三种管径，安装有椭圆齿轮流量计，在三相混合之前，各相分别进行压力和温度的测量[1]。

实验选用德国华伦公司的 AMSY - 5 型 8 通道声发射实验系统，如图 3 - 8 所示。

(a)

(b)

图 3 - 8　AMSY - 5 型 8 通道声发射实验装置系统

1997 年，德国的华伦公司在 AMSY - 4 的基础上将信号采集系统升级，使 AMSY - 5 型声发射系统具有更多的优点。该系统能够进行数字显示，高速运行，并且具有抗干扰的性能，对信号波形也可以进行记录，使用方便，适用于现场检测以及实验室实验操作，可记录声发射的各种基本参数，也可对波形进行记录分析，能够实现定位显示等功能，此外还可以实时显示各种类型图表。其软件程序包括定位图、历程图、关系图、分布图、三维图、波形图、频谱图及数据列表等。声发射系统的操作界面可以随意选择一个或多个类型的图表进行显示，并且能够在其相应的图表中显示该信号的波形图、频谱分析图及其在数据列表中的参数。AMSY - 5 型的声发射实验系统能够将声发射参数、波形、定位源、相关图及加载一一对应起来。AMSY - 5 型声发射仪具备传感器自动检查功能：声发射主机发射 1 ~ 400 V 的脉冲，对探头的耦合状况和声速进行评价，可通过软件或前面板的开关执行标定功能[2-3]。实验通过安装在河北大学质量技术监督学院多相流实验平台，以及安装在实验管道外壁上的一组四个声发射探头进行噪声信号的采集，声发射探头采用压电效应，使采集到的声波信号经过压电转换效应转换为电压信号。

二、流动噪声检测的实验装置（方案二）

实验平台与方案一相同，详见方案一实验平台介绍。

三、流动噪声检测的实验装置（方案三）

实验是在中压湿气测试平台上操作实施的。湿气测试平台可调节管道中气体和液体流量的大小和流动速度，此系统有两条管路（分别为 DN50 mm 和 DN80 mm），可以得到不同的流型来进行研究，如图 3 - 9、图 3 - 10 所示。

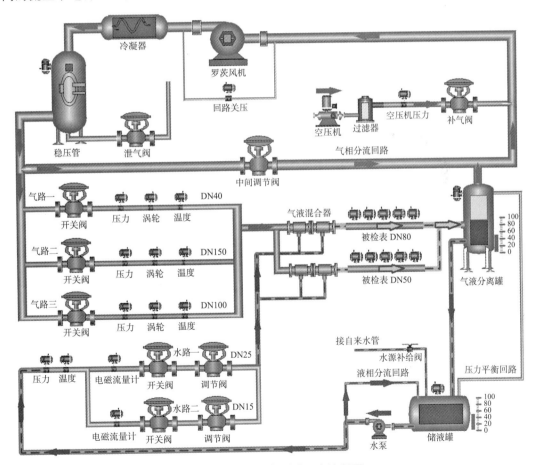

图 3 - 9　中压湿气测试平台流程图

图 3 - 10　中压湿气测试平台现场

实验装置用的是 PXUT - 27 型超声波探伤仪，水平线性≤0.5%，其他主要技术指标如表 3 - 1 所示。

表 3 - 1　PXUT - 27 型超声波探伤仪的技术指标

项目	指标	项目	指标
增益范围	100.0 dB；0.1 dB，2.0 dB，6.0 dB 步进	闸门（声音报警）	进波门高度、宽度、位置连续可调
频带宽度	0.4 ~ 15.0 MHz	DAC 曲线	任意点，可选择
探测范围	0.0 ~ 5 000.0 mm	工作通道	4 个（可扩展）
探头方式	单探头，双晶探头	抑制范围	0% ~ 99%
声程位移	0.0 ~ 2 000.0 mm	打印输出	屏幕和存储数据
始波偏移	0.0 ~ 1 000.0 mm	显示尺寸	5.5″菲利浦 CRT
动态范围	>30 dB	工作时间	>6 h
分辨力	>30 dB	工作温度	-20 ~ 50℃
灵敏度余量	>60 dB	外形尺寸	100 mm（高）×210 mm（宽）×260 mm（厚）
垂直线性	<3%	整机质量	3.5 kg（带电池）
水平线性	<0.5%	电源	12 V DC，220 V AC

第三节　流动噪声检测实验设计

一、静态实验

为了避免噪声对实验的影响，进行了纯水静态实验，为后续实验做准备。

二、动态实验及实验参数矩阵（方案一）

由于垂直管道受到水平管道向垂直管道的连接弯头的离心作用，所以在垂直实验段中探头安装在大于 30 D 的距离来消除离心作用对垂直管道的内部流体流动状态的影响，可以使管道内流场较为稳定。实验探头大约安装在距离上下弯头 1.5 m 的垂直距离处。实验管道直径为 50 mm 的垂直方向的有机玻璃透明管，当两相流在有机玻璃管流动时，可方便流型变化的观察。

在进行气液两相流流动检测方法的研究中，使用实验系统中 4 个声发射探头进行两相流动噪声信号的采集，采样频率为 0.625 MHz，采样点为 524 288。声发射系统设置门槛值为 45.2 dB，当气液两相流为信号较弱的泡状流时，可能由于信号较弱无法越过门槛，可以采用断铅来进行流动信号的采集。

如图 3 - 11、图 3 - 12 所示，流动噪声的信号采集实验分别是在水平实验管段和垂直实验管段进行的，实验选取的气相压力为 0 ~ 1 MPa，选取 2 kPa 的变频器对水相压力进行控制，气液两相在实验管段进行汇合。实验管段是管径为 DN50 的透明有机玻璃管段，便于观察管段内部的流动特性。实验所用的采集信号的探头环绕安装在管道上，呈对称结构，在气液两相流流动的过程中，由于流动状态的不稳定，内部流体会对实验管段进行撞击，从而产生应力，声发射探头采集到的这种应力波即为两相流的流动噪声信号。

图 3 - 11　水平实验管段声发射探头安装

图3-12　垂直实验管段声发射探头安装

　　如图3-13~图3-19和表3-2、表3-3所示，在水平和垂直实验管段实验测试中，分别对两种实验条件下的气液两相流的不同流动状态下发射声信号，即对水平实验条件下的三种流型（泡状流、分层流和环状流）、垂直实验条件下的四种典型流型（泡状流、弹状流、乳沫状流、环状流）下的两相流发射声流动信号。

图3-13　水平管泡状流实景

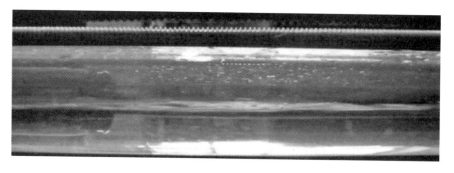

图3-14　水平管分层流实景

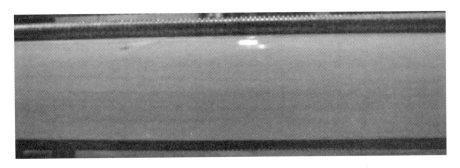

图 3 – 15　水平管环状流实景

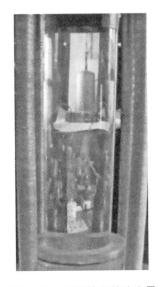

图 3 – 16　垂直管泡状流实景

图 3 – 17　垂直管弹状流实景

图 3 – 18　垂直管乳沫状流实景

图 3 – 19　垂直管环状流实景

表 3 - 2 水平实验管段的流型工况表

流型	液体流量/(m³·h⁻¹)	气体流量/(m³·h⁻¹)
泡状流	10	0.03
泡状流	8	0.6
分层流	4	0.3
分层流	4	0.6
分层流	8	5
环状流	4	80
环状流	10	60
环状流	10	80

表 3 - 3 垂直实验管段的流型工况表

流型	液体流量/(m³·h⁻¹)	气体流量/(m³·h⁻¹)
泡状流	8	0.06
泡状流	10	0.06
泡状流	8	0.3
弹状流	0.05	0.3
弹状流	1	0.6
弹状流	2	0.3
乳沫状流	0.05	5
乳沫状流	1	1.25
乳沫状流	1	5
环状流	2	80
环状流	10	80
环状流	8	20

通过对采集到的两相流声发射信号进行分析处理，研究气液两相流的内部流动机理和流动状态，通过运用仿真软件对管道内部的流动状况进行仿真计算，得到内部的流动撞击管道时在管道内壁产生的应力分布和管内的流场分布。通过现代信息处理方法对流动噪声信号进行分析，提取流动信号的频率特性和分析信号的特征参数，表征气液两相流的内部流动机理，实现对气液两相流流动特性的检测。

三、动态实验及实验参数矩阵（方案二）

实验是在河北大学质量技术监督学院的气液两相流检测平台上进行的。为了能够更好地观测并且得到更好的气液两相流动噪声的信号数据，对垂直上升管道的典型流型在几个不同工况下进行了实验操作测量，并对各气相和液相下的两相流进行了测量，来分析流动过渡特征，具体工况如表3-4~表3-8所示。

表3-4　气液两相流垂直上升管段工况表

流型	液体流量/($m^3 \cdot h^{-1}$)	气体流量/($m^3 \cdot h^{-1}$)
泡状流	8.0	0.06
泡状流	10.0	0.12
泡状流	10.0	0.24
泡状流	11.0	0.27
泡状流	11.0	0.36
泡状流	11.0	0.48

表3-5　气液两相流垂直上升管段弹状流工况

流型	液体流量/($m^3 \cdot h^{-1}$)	气体流量/($m^3 \cdot h^{-1}$)
弹状流	0.1	0.30
弹状流	0.5	0.30
弹状流	1.0	0.24
弹状流	1.0	0.48
弹状流	1.0	0.60
弹状流	2.0	0.60

表3-6　气液两相流垂直上升管段乳沫状流工况

流型	液体流量/($m^3 \cdot h^{-1}$)	气体流量/($m^3 \cdot h^{-1}$)
乳沫状流	2.2	6.37
乳沫状流	2.5	11.46
乳沫状流	4.0	2.20
乳沫状流	4.0	6.75
乳沫状流	4.5	5.03
乳沫状流	10.0	8.70

表3-7　气液两相流垂直上升管段环状流工况

流型	液体流量/($m^3 \cdot h^{-1}$)	气体流量/($m^3 \cdot h^{-1}$)
环状流	0.2	97.49
环状流	0.6	44.60
环状流	3.6	59.50

续表

流型	液体流量/(m³·h⁻¹)	气体流量/(m³·h⁻¹)
环状流	4.0	86.50
环状流	6.6	138.00
环状流	8.5	132.80

表 3-8 实验参数设置表

工况点	液体流量/(m³·h⁻¹)	气体流量/(m³·h⁻¹)
1	0	0
2	0.05	20
3	0.15	30
4	0.25	40
5	0.35	50
6	0.45	60
7	0.55	70
8	—	80
9	—	90
10	—	120
11	—	150
12	—	180

四、动态实验及实验参数矩阵（方案三）

为提高实验结果的准确率，参数声发射的采样频率的采集是声发射信号测量阶段的关键。通过 Shannon 采样定理得知，若声发射信号的频率最大为 f_m，那么采样频率 f 需达到以下条件才能使采样信号重现本征信号：

$$f \geqslant 2f_m \tag{3-1}$$

为保证气液两相流流动状态能被声发射探头全面精准地记录，本实验每组的采样时间为 30 s 左右，采样频率为 500 kHz，这样既消除了某些瞬态信号和偶然信号对实验带来的影响，同时也规避了外界噪声的干扰。

为得到不同流型下的体积含气率，结合实验系统，选取 45 个工况点进行实验[4]。具体工况点见表 3-9 所示。

表 3 - 9　气液两相流测试工况点

工况点	液相流量/$(m^3 \cdot h^{-1})$	气相流量/$(m^3 \cdot h^{-1})$	工况点	液相流量/$(m^3 \cdot h^{-1})$	气相流量/$(m^3 \cdot h^{-1})$	工况点	液相流量/$(m^3 \cdot h^{-1})$	气相流量/$(m^3 \cdot h^{-1})$
1	0.60	0.30	16	0.60	1.80	31	2.00	1.80
2	0.60	0.60	17	0.60	2.10	32	2.00	2.10
3	0.60	0.90	18	0.60	2.40	33	2.00	2.40
4	0.60	1.20	19	0.60	2.70	34	2.00	2.70
5	0.60	1.50	20	0.60	3.00	35	2.00	3.00
6	0.80	0.30	21	0.80	1.80	36	4.00	1.80
7	0.80	0.60	22	0.80	2.10	37	4.00	2.10
8	0.80	0.90	23	0.80	2.40	38	4.00	2.40
9	0.80	1.20	24	0.80	2.70	39	4.00	2.70
10	0.80	1.50	25	0.80	3.00	40	4.00	3.00
11	1.00	0.30	26	1.00	1.80	41	6.00	1.80
12	1.00	0.60	27	1.00	2.10	42	6.00	2.10
13	1.00	0.90	28	1.00	2.40	43	6.00	2.40
14	1.00	1.20	29	1.00	2.70	44	6.00	2.70
15	1.00	1.50	30	1.00	3.00	45	6.00	3.00

五、动态实验及实验参数矩阵（方案四）

在河北大学多相流实验室，对基于声发射检测技术的垂直管气液两相流动噪声进行了检测。实验选取了 8 组声发射探头，采用对称位置安放，如图 3 - 20 所示。

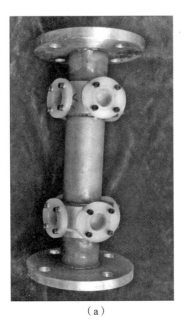
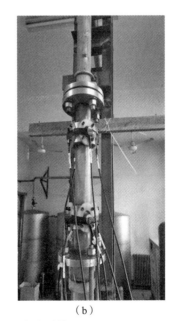

（a）　　　　　　　　　　　（b）

图 3 - 20　气液两相流噪声检测装置

（a）流动噪声检测装置；（b）声发射探头连接示意

实验选取弹状流与泡状流共计 90 个工况点。工况点设计如表 3 - 10 所示。单相水流量工况点为 0.4 m³/h、0.6 m³/h、0.8 m³/h、1 m³/h、2 m³/h、8 m³/h、9 m³/h、10 m³/h。本次实验在垂直管道中测得单相水以及气液两相流动声发射信号，共采集泡状流及弹状流 90 组实验数据。其中弹状流 50 组、泡状流 40 组。

表 3 - 10　气液两相流测试工况点

工况点	液相流量/(m³·h⁻¹)	气相流量/(m³·h⁻¹)	工况点	液相流量/(m³·h⁻¹)	气相流量/(m³·h⁻¹)	工况点	液相流量/(m³·h⁻¹)	气相流量/(m³·h⁻¹)	工况点	液相流量/(m³·h⁻¹)	气相流量/(m³·h⁻¹)
1	0.4	0.06	25	0.8	0.3	49	2	0.54	73	10	0.18
2	0.4	0.12	26	0.8	0.36	50	2	0.6	74	10	0.24
3	0.4	0.18	27	0.8	0.42	51	8	0.06	75	10	0.3
4	0.4	0.24	28	0.8	0.48	52	8	0.12	76	10	0.36
5	0.4	0.30	29	0.8	0.54	53	8	0.18	77	10	0.42
6	0.4	0.36	30	0.8	0.6	54	8	0.24	78	10	0.48
7	0.4	0.42	31	1	0.06	55	8	0.3	79	10	0.54
8	0.4	0.48	32	1	0.12	56	8	0.36	80	10	0.6
9	0.4	0.54	33	1	0.18	57	8	0.42	81	11	0.06
10	0.4	0.6	34	1	0.24	58	8	0.48	82	11	0.12
11	0.6	0.06	35	1	0.3	59	8	0.54	83	11	0.18
12	0.6	0.12	36	1	0.36	60	8	0.6	84	11	0.24
13	0.6	0.18	37	1	0.42	61	9	0.06	85	11	0.3
14	0.6	0.24	38	1	0.48	62	9	0.12	86	11	0.36
15	0.6	0.3	39	1	0.54	63	9	0.18	87	11	0.42
16	0.6	0.36	40	1	0.6	64	9	0.24	88	11	0.48
17	0.6	0.42	41	2	0.06	65	9	0.3	89	11	0.54
18	0.6	0.48	42	2	0.12	66	9	0.36	90	11	0.6
19	0.6	0.54	43	2	0.18	67	9	0.42			
20	0.6	0.6	44	2	0.24	68	9	0.48			
21	0.8	0.06	45	2	0.3	69	9	0.54			
22	0.8	0.12	46	2	0.36	70	9	0.6			
23	0.8	0.18	47	2	0.42	71	10	0.06			
24	0.8	0.24	48	2	0.48	72	10	0.12			

六、动态实验及实验参数矩阵（方案五）

流动声发射信号作为本研究中关键的实验数据，需要设置合适的参数才可得到有效、准确的实验结果。另外声发射检测存在众多待确定的参量，这其中采样频率作为声发射信号测量阶段的关键参数需放在首位确定。理论来讲[5]，若信号的频率最大是 f_m，从采样信号复现系统本征信号的采样频率 f 要达到以下条件：

$$f \geqslant 2f_m \tag{3-2}$$

这就是 Shannon 采样定理。在此次实验中，依照特性参量计算的需求，选择 500 kHz 的采样频率，就能得到 250 kHz 以内的全部声信号，以确保流体流动可能产生的重要高频信号不会出现遗漏的情况。另外，选择 4.2 s 的采样时间，保证了气液两相流内部的流动状态能够全面、真实地被声发射探头准确检测到，消除了瞬态波动与偶然现象给系统造成的不确定性。同时为规避一些外界环境产生的干扰，尤其是掺杂的噪声，对信号预处理的步骤往往需要在分析信号前完成。利用硬件滤波在此阶段进行预处理，即在主放大器中放置滤波设备。

在气液两相流动测试过程中，为了扩大实验范围，涵盖广泛的相含率，结合前期工作经验与实验系统自身条件选择合适的测试工况点。本次实验共对 60 个工况点进行测试，具体工况点见表 3-11 所示。

表 3-11　气液两相流测试工况点

工况点	液相流量/ $(m^3 \cdot h^{-1})$	气相流量/ $(m^3 \cdot h^{-1})$	工况点	液相流量/ $(m^3 \cdot h^{-1})$	气相流量/ $(m^3 \cdot h^{-1})$	工况点	液相流量/ $(m^3 \cdot h^{-1})$	气相流量/ $(m^3 \cdot h^{-1})$
1	0.60	0.12	25	3.00	0.12	49	7.00	0.12
2	0.60	0.24	26	3.00	0.24	50	7.00	0.24
3	0.60	0.36	27	3.00	0.36	51	7.00	0.36
4	0.60	0.48	28	3.00	0.48	52	7.00	0.48
5	0.60	0.6	29	3.00	0.6	53	7.00	0.6
6	0.80	0.12	30	4.00	0.12	54	8.00	0.12
7	0.80	0.24	31	4.00	0.24	55	8.00	0.24
8	0.80	0.36	32	4.00	0.36	56	8.00	0.36
9	0.80	0.48	33	4.00	0.48	57	8.00	0.48
10	0.80	0.6	34	4.00	0.6	58	8.00	0.6
11	1.00	0.12	35	5.00	0.12	59	9.00	0.12
12	1.00	0.24	36	5.00	0.24	60	9.00	0.24
13	1.00	0.36	37	5.00	0.36	61	9.00	0.36
14	1.00	0.48	38	5.00	0.48	62	9.00	0.48
15	1.00	0.6	39	5.00	0.6	63	9.00	0.6
16	2.00	0.12	40	6.00	0.12	64	10.00	0.12
17	2.00	0.24	41	6.00	0.24	65	10.00	0.24
18	2.00	0.36	42	6.00	0.36	66	10.00	0.36
19	2.00	0.48	43	6.00	0.48	67	10.00	0.48
20	2.00	0.6	44	6.00	0.6	68	10.00	0.6

确定了上述实验工况点，则开始进行测试。首先将声发射系统的 4 个压电探头对称固定安装在多孔孔板延伸部分的凹槽内。然后将差压变送器按照单相流出系数标定实验中的

方式接入本实验装置。参照上述工况点分别调整液相与气相实验点。在记录声发射信号与差压信号的同时对不同工况点的流态进行拍照录入，为后续分析提供事实根据。实验重复进行三次，得到三组差压信号及流动声信号。

七、动态实验及实验参数矩阵（方案六）

声发射检测仪的探头安置于整个实验管道上游的钢管处，并没有安装在透明有机玻璃的管壁上，这样做避免了对玻璃管的遮挡，便于在透明管上观察流型，也不会对测量内部电容或者其他一些实验造成影响。实物安装如图 3-21、图 3-22 所示。

图 3-21　声发射检测仪探头安放位置

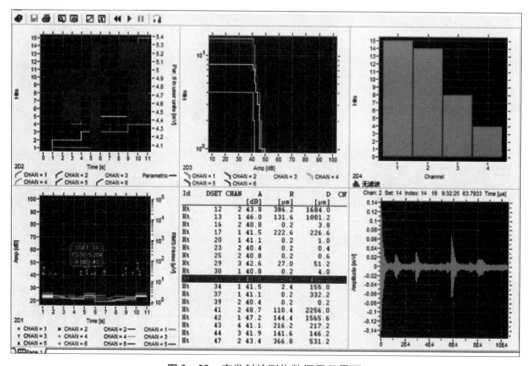

图 3-22　声发射检测仪数据显示界面

安装完探头后，则要对声发射检测仪设置一些操作参数：门槛电压为 40 dB，采样频率为 0.625 MHz，采样点数为 524 288。然后调节液相流量点和气相点，若检测到规定好的数据，则将此时的结果记录保存下来。

参 考 文 献

[1] LANGFORD H M, BEASLEY D E, OCHTERBECK J M. Chaos analysis of pressure signals in upward air-water flows [C]. The 3rd Conference on Multiphase Flow, ICMF, 98, 1998.

[2] 卢庆华. 基于红外光谱吸收特性的气液两相流相含率检测装置的研究 [D]. 保定：河北大学, 2013.

[3] ZHENG G B, JIN N D, JIA X H, et al. Gas-liquid two phase flow measurement method based on combination instrument of turbine flowmeter and conductance sensor [J]. International Journal of Multiphase Flow, 2008, 34 (11)：1031 – 1047.

[4] 李婷婷. 轴向安装的近红外系统气液两相流测量特性 [D]. 保定：河北大学, 2017.

[5] 黄世霖. 工程信号处理 [M]. 北京：人民交通出版社, 1986.

第四章

基于声发射技术的气液两相流动噪声特性研究

第一节　不同流动状态下的流动噪声信号特征

一、动力源噪声信号特性

声发射技术是一种应用于无损检测的技术手段，当材料中局部区域快速释放能量并瞬间产生弹性波的现象称为声发射（Acoustic Emission，AE），也称为应力波发射，其基本原理如图4-1所示。材料受到应力作用并产生形变或者振动，其中振动信号产生的源，称为声发射的源。通过这种"应力波发射"的方法进行无损检测，称为声发射检测。

图4-1　声发射的基本原理

通过声发射技术手段对大型构件进行检测，并且能够确定信号的位置，最终提高声发射检测结果的检测精度。在检测过程中，由于被检构件的形状规则不一，检测方法受到检测工件的复杂程度限制，因此检测方法也随之改变。

1. 声发射波的形成

声发射波在介质中传播，根据质点的振动方向与传播方向的不同，可构成纵波、横波和表面波。横波是质点的振动方向与波的传播方向平行的波，如图4-2所示。

纵波是质点的振动方向与波的传播方向平行的波，如图4-3所示。

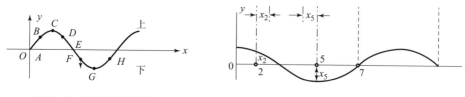

图4-2　横波的传播示意　　　　**图4-3　纵波的传播示意**

2. 声发射的源定位

声发射源的位置是产生声发射探头采集的声音发射信号的特定位置。固体材料在内部的发生和拓展，以弹性波的形式释放能量，并向四周进行扩散，以形成声发射源。为了检测固体材料某一范围的缺陷位置，须采用多探头进行探测，组成传感器阵列，然后在采集过程中可以根据各声发射传感器检测的声发射信号的特征参数确定或计算 AE 源信号的特定位置，这种声发射源的定位方法叫作源定位。

按照信号的衰减将试件分为若干个区域，每个区域都在中心位置放一个传感器，每个传感器主要接收其周边区域发生的声发射波。区域是指围绕传感器的区域，而来自该区域的声发射波首先被该传感器所吸收。区域定位是指按传感器各监视区域的方式粗略确定声发射源所在的区域。

通过信号达到时间的方式进行定位，检测过程将传感器阵列安装，不计时差，最终记录每个传感器接收声发射信号所需要的顺序。

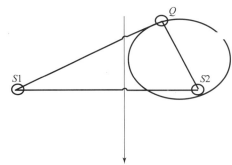

声发射的一维定位是确定声发射源位置的方法之一，采用的是直线定位原理。一维定位是声发射源定位方法中最简单的方法，多用于焊接缺陷的定位。此种方法至少需要两个声发射传感器来计算信号到达的时间从而最终得到信号源的位置，一维定位原理如图 4 - 4 所示。

图 4 - 4　一维定位的方法原理

若声发射从波源 Q 到达传感器 $S1$ 和 $S2$ 的时间差为 ΔT，波速为 v，则可得式：

$$|\, Q(S1) - Q(S2)\,| = v\Delta T \qquad (4-1)$$

采用二维平面的定位时，声发射的二维定位需要至少三个声发射探头组成传感器阵列，为了得到准确的、唯一的解，至少需要四个声发射探头。传感器阵列的安置位置决定了定位的准确性，一般采用三角形、方形、菱形等。一般四个传感器的定位较为常见，准确性也较高[37]。

气液两相流的声发射源定位是通过安装实验探头把声发射的 4 组实验探头安装在实验管段上，通过对实验系统的控制，针对气液两相流在管段中的不同的流动状态，得到声发射探头每秒接收的撞击点，声发射采集装置中会记录声发射探头接收的每个信号点，通过声发射系统独有的定位程序，即时显示所有声发射点所在的空间位置。具体如图 4 - 5 所示。

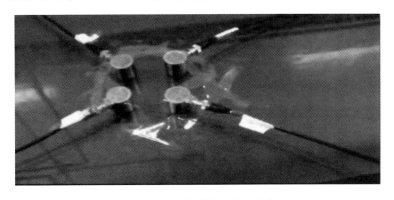

图 4 - 5　声发射定位现场安装

通过声发射定位程序，发现在模拟装置上测得的振动信号全部处于50 mm 直径的圆圈的内部，因此判断出实验采集到的流动噪声信号全部发生在管道中。

二、静止状态噪声信号特性

纵波质点的振动方向与传播方向平行，而横波质点的振动方向与波的传播方向垂直。因为液体和气体中缺乏恢复横向运动的弹性力，所以液体和气体中不存在横波，即横波只能在固体中传播。声波在不同材质中的传播速度不同，声的波长也不同。声波在空气中的传播速度为340 m/s，在有机玻璃中的传播速度为3 000 ~ 3 800 m/s，在不锈钢中的传播速度为4 800 m/s。由于声发射信号在不同介质中传播特性的差异，可以通过采集的声发射信号来进行信号源的判别。声发射信号在液体中的传播速度是1 200 ~ 1400 m/s，在有机玻璃中传播速度为3 600 m/s。本书采集的噪声信号是不同流型下气液两相流流体在管道内部流动时产生的声发射信号。

声发射的种类有两类，即突发型和连续型。突发型声发射信号是指在时域上可分离的波形。实际上，声发射源的发射过程都是突发型的过程。但是当声发射的频度高达时域上不能分离的程度时，声发射就以连续型的信号显现出来。水平实验管段下的气液两相流动声发射信号如图4-6和图4-7所示。

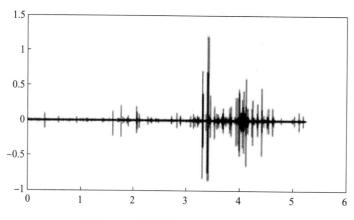

图4-6 实验管段突发型声发射信号

声发射信号的特征参数主要包括幅值、振铃持续时间、能量计数、频率等。波形参数为频谱、波形等。在近代声发射信号处理方法中主要是根据实时采集的声发射的时域信号，用现代数据处理方法对信号进行时域分析。这是因为在声发射的时域信号中含有大量的声发射源信号。频谱分析是通过非线性的方法对时域声发射信号进行时频转换，得到声发射在相应频谱下的信号特征并提取出来。频率分析一般采用傅里叶变换和现代处理方法中的谱估计。由于声发射信号具有随机性和不确定性，故属于非平稳的随机信号。常用的时域分析方法就是小波分析方法，小波变换的特点就是能够对信号进行变时窗的分析，能够对信号中的高频和低频部分分别进行处理，具有很好的针对性。

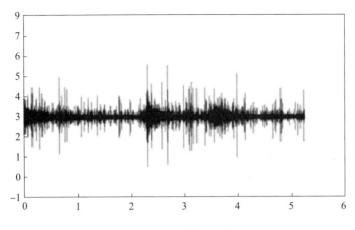

图 4 – 7　实验管段连续型声发射信号

三、单相液与两相流声发射信号时域特性分析

由于气液两相流在管内流动过程是极其复杂的，属于非线性系统，随机性非常高，管内流动噪声会受到气液两相表观流速、外界噪声，以及不同流型等因素的影响。对于两相流来说，单相水流动比较简单，影响因素少，流动噪声的检测也较为容易，所以研究单相流动声发射信号是研究气液两相流管内流动噪声的重要基础。

单相流在垂直管内流动，流动噪声信号主要来源于液体与管壁的摩擦。由于在两相流动过程中，气相和液相两相之间会随着相对运动速度的不同产生位移，这样会传出一种弹性波，导致声发射现象的产生。管内气液两相流动噪声信号包含了气液两相流与管壁的摩擦振动以及气液两相之间的相对运动。实验采集的声发射时域信号能很好地反映两相流动过程不同工况下流动噪声的强度。下面给出垂直管单相流动状态下的流动噪声信号时域图以及泡状流与弹状流两种典型流型的流动噪声信号时域图，如图 4 – 8、图 4 – 9、图 4 – 10 所示。

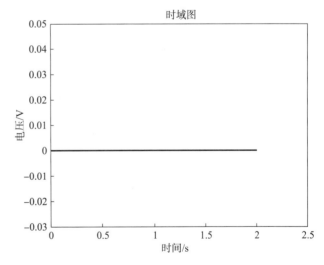

图 4 – 8　单相水流动噪声信号时域图

如图 4 – 8 所示，在垂直管中，由于单相水流动只受重力影响，声发射应力波信号主要来自液体与管壁的摩擦，接收的信号幅值相比两相流明显更小。在气体流量为 0.06 ~ 0.6 m³/h、液相流量很小的情况下（0.4 ~ 2 m³/h），气液两相流流型为弹状流。而随着液相流量的增大，达到 8 ~ 11 m³/h 时，为泡状流。如图 4 – 10 所示，弹状流流动噪声信号

在无气弹经过时，电压幅值相对较小，信号整体出现了类似突发型声发射信号的特征，并呈周期性变化。原因在于有气弹经过时，两相流体相互振动摩擦明显，气弹带动水流使两相之间相互作用力增强，电压幅值明显增大。在无气弹和破碎的气泡经过时，声发射检测到的管内流动噪声主要来源于液相与管壁的摩擦，电压幅值变小。伴随着液相流量的增大，两相流型从弹状流过渡为泡状流。大的气弹也随着液体流量的增加而撞击破裂为小气泡。正因为气液两相之间相互作用更加明显，相比弹状流电压幅值变化更为剧烈。通过气液两相流的时域信号，能很明显区分泡状流与弹状流。产生这种变化的原因在于，随着气相和液相流量的不断增加，两相之间的卷吸作用力也不断增加，从而引起两相流动声发射信号强度的变化。所以通过两相流动声发射信号时域状态能具体表征此时的流动状态（流型）。

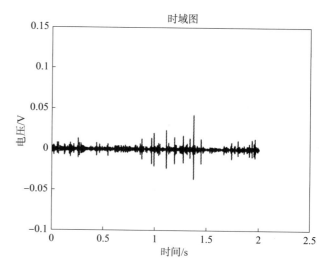

图 4 - 9　泡状流流动噪声信号时域图

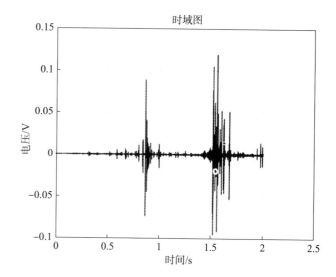

图 4 - 10　弹状流流动噪声信号时域图

　　本节提取流动噪声信号的峭度系数，进一步对两相流流动特性进行了研究。由于管内不同流动状态造成声发射时域信号有明显的差异，因此提取信号的峭度进行定性分析。峭度反映的是振动信号分布特性的数值统计量，是归一化的 4 阶中心距。其定义如下：

$$K = \frac{\int_{-\infty}^{+\infty}\left[x(t) - x\right]p(x)\,\mathrm{d}x}{\sigma^4} \tag{4-2}$$

　　峭度的特性一般在 $K \approx 3$ 时表示无明显周期性干扰，运行平稳，振动信号幅值接近正态分布。如图 4 - 11 所示，当管内为单相流动时，$K \approx 3$，表示其管内噪声信号概率密度接近正态分布。此时管内声发射检测仪接收的应力波主要来自单相流体与管壁的摩擦，所测得的流动噪声信号十分平稳，液相与管壁摩擦引起的噪声信号幅值无大的波动。随着管内通入气体流量的变化，气液两相流的信号峭度明显增大，幅值波动性增强产生大幅度脉冲，使幅值偏离正态分布。气液两相流在管内流动时，流动噪声来自流体与管壁摩擦、气相与液相的碰撞，较为复杂。泡状流声发射信号峭度系数明显大于弹状流。由此得出，管内流动噪声信号的峭度能反映不同流型特征。

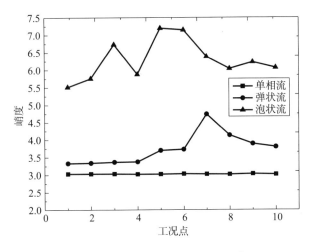

图 4 - 11　部分工况点时域峭度系数

四、单相液与两相流声发射信号频域特性分析

在科学领域（特别是量子物理、信号处理、图像处理等领域）中，傅里叶变换为重要的应用工具。从实用的观点看，考虑傅里叶分析时，通常指的是（积分）傅里叶变换以及傅里叶级数。傅里叶变换定义如下：

$$F(\omega) = \int_{-\infty}^{+\infty} f(t) e^{-j\omega t} dt \qquad (4-3)$$

信号的傅里叶变换能够给出信号的频率特性，即频谱分析。因为傅里叶变换以及逆变换具有非常好的对称性，所以信号的重构就很容易进行了。

傅里叶变换的原理如下：连续测量的不管是时序还是信号都可用频率不同的正弦波信号通过无限次叠加而得到。傅里叶变换算法就是在这个原理的基础上创立的，其针对直接测量得到的原始信号，通过累加的方式对该信号中存在的不同正弦波信号的相位、频率以及振幅进行计算。与该算法对立的便是反傅里叶变换算法。本质而言，这种反变换算法同样也是累加处理的一种，单独变化的正弦波信号因此就能转变成一个脉冲信号。可以这样说，以前处理起来比较困难的时域信号通过傅里叶变换转变成了分析起来比较容易的频域信号（信号的频谱），可运用一系列工具来处理或加工上述频域信号。

对管内流动噪声信号进行傅里叶变换得到信号的频域图，如图 4 - 12 所示，该图代表空管无流动噪声发射信号频域图。对比图 4 - 13 单相水流动状态下的流动噪声信号，在低频段内幅值有较为明显的变化。在水流量为 0.4 ~ 10 m³/h 时单相流最大幅值不超过

0.01。图4-14所示为两相流噪声发射信号频域图。对比单相流，两相流幅值明显更高。由于气液两相流动状态复杂，在垂直管中，受浮力影响，气泡带动水流使两相流体与管壁摩擦更为剧烈，气泡与液相之间的碰撞尤为明显使声发射检测仪接收的应力波更强，这造成管内两相流动的噪声信号频域图幅值更高。

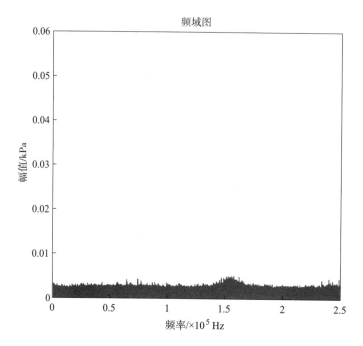

图4-12 空管无流动噪声频域图

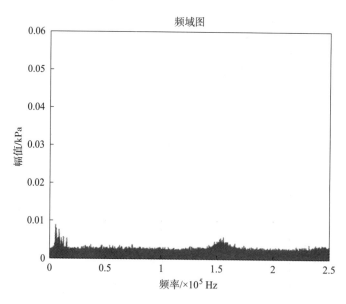

图4-13 单相水流动噪声频域图

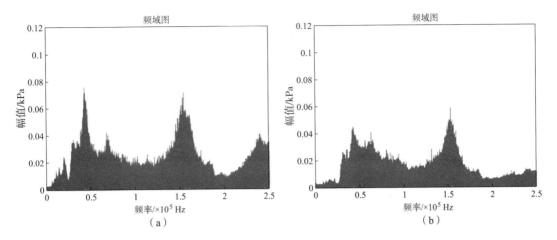

图 4 – 14　两相流动噪声频域图

（a）弹状流信号频域图；（b）泡状流信号频域图

五、单相液与两相流声发射信号 WVD 特性分析对比

Wigner 分布最早由物理学家 Wigner 提出，可应用于量子力学研究领域，Vile 随后又在信号分析处理领域进行了应用。所以人们将其称作 WVD（Wigner – Ville Distribution）。WVD 是时频分析法中的一种，将信号的时域和频域组合成一个整体，得到频率随时间变化的规律，同时也能得到信号在不同频带的能量分布信息。将 WVD 定义如下：

$$W_x(t,f) = \int_{-\infty}^{\infty} x\left(t + \frac{\tau}{2}\right)x^*\left(t - \frac{\tau}{2}\right)e^{-j2\pi f}d\tau \tag{4-4}$$

或

$$W_x(t,f) = \int_{-\infty}^{\infty} X\left(f + \frac{v}{2}\right)X^*\left(f - \frac{v}{2}\right)e^{-j2\pi f}dv \tag{4-5}$$

式中，$X(\cdot)$ 表示 $x(\cdot)$ 的傅里叶变换；$*$ 表示共轭；$s(t)$ 表示实际信号；$x(t)$ 表示其解析信号，即首先对实际信号 $s(t)$ 做希尔伯特变换：$s(t) = \dfrac{1}{\pi}\int_{-\infty}^{\infty}\dfrac{s(\tau)}{\tau - t}d\tau$ 得到 $s(t)$ 的解析信号 $x(t)$：$x(t) = s(t) + j\hat{s}(t)$。

实际应用中，都应将连续时间信号 $s(t)$ 离散化成 $s(n)$，离散 WVD 的定义为

$$W(n,k) = 2\sum_{m=-(N-l)/2}^{(N-1)/2} x(n+m)x^*(n-m)e^{-j4\pi nk/N} \tag{4-6}$$

式中，n、k 和 m 为分别对应于连续变量 m、f、τ 的离散变量。

WVD 分析能很好地将信号时域和频域组合成一个整体，得到信号时频域的联合分布信息，能清楚描述信号的功率、频率随时间变化的关系。实验采集的声发射时频信号能较好地反映管内气液两相流动噪声能量强度问题。

图 4 – 15 为管内流动噪声信号 WVD 分析结果，从图中可以看出，对比两相流来看，单相流动噪声功率很小，且在整个 WVD 谱图中仅有一个波峰。随着管内气体的通入，管

内流动状态变得复杂。由 WVD 分析可知，气液两相流流动噪声信号能量在整个频率范围内分布广泛，相比于单相流动，垂直管泡状流与弹状流流动噪声功率急剧增加。综上所述，管内流动声发射信号采用 WVD 分析处理能很好地区分单相流与两相流流动状态，然而对两相流典型流型不是十分敏感，分辨能力不高。对于如何区分两相流垂直管典型流型，需采用更加细致的分析方法进行探索研究。

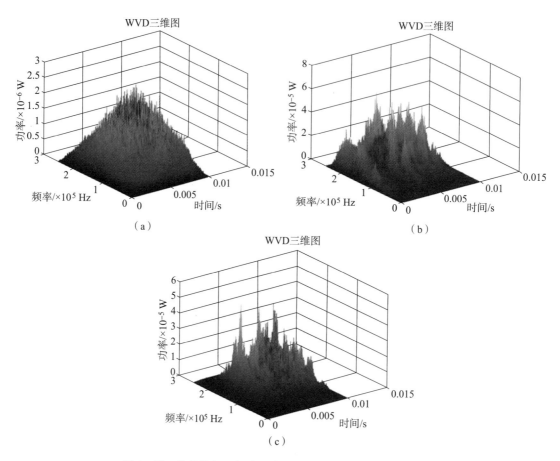

图 4 – 15　单相流与两相流流动噪声信号 WVD 分析结果对比
（a）单相水 WVD 分析结果；（b）弹状流 WVD 分析结果；（c）泡状流 WVD 分析结果

第二节　流动噪声信号分析技术

一、时域分析方法及特征提取

1. 声发射信号时域特征参数分析

由于本次实验所采用的美国物理声学公司生产的 SENSOR HIGHWAY Ⅲ 声发射检测仪器存在局限性及测量精度的问题，所测得的每组实验数据都会受到电磁干扰，使之后求得的每个频段能量存在着或多或少的误差。所以在测得气液两相流声发射信号之后需要对原始电压信号数据进行预处理。

对本次实验所测得的所有工况点的原始数据进行数据处理，我们发现所有数据点在时域图中的众数与中值并不是0。图4-16所示为液相流量为1 m³/h、气相流量为0.06 m³/h工况点时的数据偏差。在工况点为L1G 0.06时，原始电压信号数据点众数为－0.000 366 2，说明该工况点电压原始数据相对横坐标零点整体向下偏移了0.000 366 2。对原始数据进行调整，使数据点中的众数与中值归0，从而完成声发射信号的预处理。

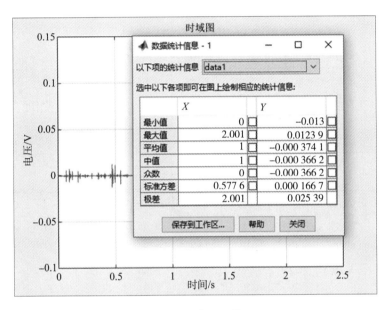

图4-16　信号预处理

气液两相流流动噪声时域特征参数能很好地表征流型信息。所以，我们考虑提取两相流信号时域特征参数来进行计算分析。

2. 均方根值（RMS）特征参数提取

描述振动信号的能量常用均方根值，此为信号的二阶矩统计平均，又称为信号的有效值。均方根值表示信号的平均能量或平均功率，同时也是气液两相流信号波动程度和离散度的反映，也能够准确地描述流体内部运动的激烈程度，适合连续型声发射信号的研究与分析，其定义为

$$X_{\text{rms}} = \sqrt{\frac{1}{N}\sum_{i=1}^{N} X_i^2} \qquad (4-7)$$

表4-1、表4-2所示为50组弹状流以及40组泡状流均方根值（RMS）。L0.4～L2表示液体流量为0.4～2 m³/h，L8～L11表示液体流量为8～11 m³/h，而G0.06～G0.6表示气相点选择为0.06～0.6 m³/h。由表4-1和表4-2可知，随着液体流量逐渐增加，弹状流逐步过渡为泡状流，其均方根值在泡状流数值变大。造成这个现象的原因是弹状流过渡到泡状流，气相与液相之间相互作用更加明显，同时气液两相总流量的增大使两相流体与管壁摩擦逐渐增大，声发射信号强度增大，进而信号的平均能量增大，从而使信号的均

方根值由小变大。

表 4 - 1 弹状流部分工况点均方根值

	G0. 06	G0. 12	G0. 18	G0. 24	G0. 3	G0. 36	G0. 42	G0. 48	G0. 54	G0. 6
L0. 4	6.11×10^{-5}	6.54×10^{-5}	6.09×10^{-5}	6.04×10^{-5}	5.94×10^{-5}	6.17×10^{-5}	6.45×10^{-5}	6.75×10^{-5}	6.76×10^{-5}	7.14×10^{-5}
L0. 6	6.07×10^{-5}	6.09×10^{-5}	6.05×10^{-5}	6.01×10^{-5}	6.03×10^{-5}	6.01×10^{-5}	6.15×10^{-5}	6.26×10^{-5}	6.40×10^{-5}	6.54×10^{-5}
L0. 8	6.59×10^{-5}	5.94×10^{-5}	6.08×10^{-5}	6.56×10^{-5}	6.26×10^{-5}	6.33×10^{-5}	6.21×10^{-5}	6.19×10^{-5}	6.46×10^{-5}	6.50×10^{-5}
L1	6.38×10^{-5}	6.25×10^{-5}	5.98×10^{-5}	5.95×10^{-5}	6.13×10^{-5}	5.96×10^{-5}	5.96×10^{-5}	6.09×10^{-5}	6.58×10^{-5}	6.61×10^{-5}
L2	6.33×10^{-5}	6.44×10^{-5}	6.49×10^{-5}	6.68×10^{-5}	6.71×10^{-5}	6.71×10^{-5}	6.76×10^{-5}	6.77×10^{-5}	6.77×10^{-5}	6.77×10^{-5}

表 4 - 2 泡状流部分工况点均方根值

	G0. 06	G0. 12	G0. 18	G0. 24	G0. 3	G0. 36	G0. 42	G0. 48	G0. 54	G0. 6
L8	7.77×10^{-5}	7.65×10^{-5}	7.90×10^{-5}	7.99×10^{-5}	7.95×10^{-5}	8.05×10^{-5}	7.79×10^{-5}	7.80×10^{-5}	7.88×10^{-5}	7.84×10^{-5}
L9	7.74×10^{-5}	8.07×10^{-5}	8.28×10^{-5}	7.89×10^{-5}	8.63×10^{-5}	8.86×10^{-5}	8.49×10^{-5}	8.60×10^{-5}	8.56×10^{-5}	8.41×10^{-5}
L10	6.83×10^{-5}	7.01×10^{-5}	7.43×10^{-5}	7.86×10^{-5}	8.20×10^{-5}	8.38×10^{-5}	8.26×10^{-5}	8.41×10^{-5}	8.58×10^{-5}	8.28×10^{-5}
L11	8.67×10^{-5}	9.20×10^{-5}	8.71×10^{-5}	9.13×10^{-5}	8.87×10^{-5}	8.67×10^{-5}	8.78×10^{-5}	8.48×10^{-5}	8.64×10^{-5}	8.92×10^{-5}

如图 4 - 17 所示，流动噪声信号均方根值（RMS）在弹状流与泡状流时差异明显。弹状流流动噪声平均功率较小，RMS 为 0.000 058 ~ 0.000 070，而泡状流多体现在大于 0.000 070 的部分。气液两相泡状流均方根值明显高于弹状流，反映了泡状流的离散度和波动程度高，泡状流在管内运动更为剧烈。声发射系统检测到管内应力波信号的均方根值能很好地辨识流型。

3. 绝对平均值（AA）特征参数提取

绝对平均值又称为信号的平均能量，它是描述信号的稳定分量，是信号的一阶矩统计平均，其定义为

$$E_k = \frac{1}{N} \sum_{i=1}^{N} |x_i| \tag{4 - 8}$$

对采集的 90 组泡状流及弹状流流动噪声信号进行绝对平均值的计算，发现当液相流量较小即为弹状流时，气液两相之间的作用力更小。卷吸作用力较小时，检测到声发射管内应力波能量略低。随着液相流量的增大，两相流逐渐从弹状流过渡为泡状流，管内流动

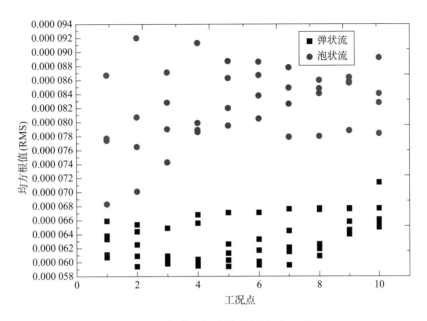

图4－17　气液两相流均方根值（RMS）

状态变得复杂，从而引起信号幅值逐渐增大，波动程度较为剧烈，使弹状流信号的绝对平均值明显高于泡状流。当弹状流逐渐过渡为泡状流，由于液体流量的增大，弹状流中的气弹及大气泡会被水流冲击破碎，造成声发射检测仪器接收的应力波能量增大。表4－3和表4－4表示弹状流和泡状流绝对平均值（AA）。弹状流流动噪声信号绝对平均值在0.00004～0.00005之内，而泡状流绝对平均值则大多体现在大于0.000052的部分。如图4－18所示，泡状流和弹状流的信号绝对平均值有很好的区分度。可见两相流动噪声信号的绝对平均值是流型辨识的有力工具。

表4－3　弹状流工况点绝对平均值

	G0.06	G0.12	G0.18	G0.24	G0.3	G0.36	G0.42	G0.48	G0.54	G0.6
L0.4	4.40×10^{-5}	4.84×10^{-5}	4.42×10^{-5}	4.35×10^{-5}	4.25×10^{-5}	4.44×10^{-5}	4.73×10^{-5}	4.98×10^{-5}	4.72×10^{-5}	4.64×10^{-5}
L0.6	4.41×10^{-5}	4.41×10^{-5}	4.37×10^{-5}	4.35×10^{-5}	4.35×10^{-5}	4.89×10^{-5}	4.29×10^{-5}	4.42×10^{-5}	4.43×10^{-5}	4.46×10^{-5}
L0.8	4.87×10^{-5}	4.29×10^{-5}	4.41×10^{-5}	4.86×10^{-5}	4.56×10^{-5}	4.44×10^{-5}	4.38×10^{-5}	4.36×10^{-5}	4.62×10^{-5}	4.67×10^{-5}
L1	4.68×10^{-5}	4.56×10^{-5}	4.33×10^{-5}	4.29×10^{-5}	4.38×10^{-5}	4.28×10^{-5}	4.28×10^{-5}	4.37×10^{-5}	4.44×10^{-5}	4.59×10^{-5}
L2	4.65×10^{-5}	4.75×10^{-5}	4.79×10^{-5}	4.91×10^{-5}	4.96×10^{-5}	4.93×10^{-5}	4.99×10^{-5}	4.97×10^{-5}	4.98×10^{-5}	4.90×10^{-5}

表 4 − 4　泡状流工况点绝对平均值

	G0.06	G0.12	G0.18	G0.24	G0.3	G0.36	G0.42	G0.48	G0.54	G0.6
L8	5.57×10^{-5}	5.45×10^{-5}	5.66×10^{-5}	5.70×10^{-5}	5.69×10^{-5}	5.69×10^{-5}	5.54×10^{-5}	5.52×10^{-5}	5.57×10^{-5}	5.55×10^{-5}
L9	5.50×10^{-5}	5.69×10^{-5}	5.77×10^{-5}	5.57×10^{-5}	5.99×10^{-5}	6.15×10^{-5}	5.96×10^{-5}	6.07×10^{-5}	6.00×10^{-5}	5.93×10^{-5}
L10	5.50×10^{-5}	5.30×10^{-5}	5.30×10^{-5}	5.44×10^{-5}	5.79×10^{-5}	5.86×10^{-5}	5.69×10^{-5}	5.73×10^{-5}	5.81×10^{-5}	5.65×10^{-5}
L11	5.94×10^{-5}	6.39×10^{-5}	6.21×10^{-5}	6.39×10^{-5}	6.23×10^{-5}	6.05×10^{-5}	6.07×10^{-5}	5.85×10^{-5}	5.94×10^{-5}	5.99×10^{-5}

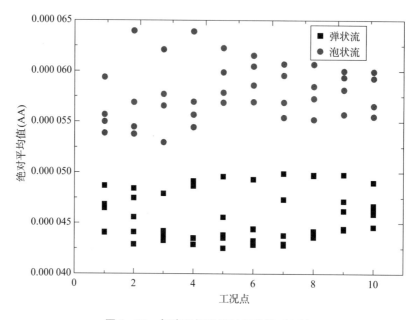

图 4 − 18　气液两相流绝对平均值（AA）

4. 方根幅值（RA）特征参数提取

方根幅值与信号的均方根值都是信号平均值的反映，可以表现信号的波动程度与离散程度，其定义如下：

$$RA = \left(\frac{1}{N} \sum_{i=1}^{N} \sqrt{|x_i|} \right) \tag{4-9}$$

如图 4 − 19 所示，气液两相泡状流方根幅值明显高于弹状流，反映了泡状流的离散度和波动程度高，泡状流在管内运动更为剧烈。弹状流方根幅值集中在 $2 \times 10^{-9} \sim 2.5 \times 10^{-9}$ 以内，而泡状流在 3×10^{-9} 以上。由于信号的方根幅值能反映能量的变化，因而从侧面反映了弹状流能量低于泡状流。可见，流动噪声信号的方根幅值能清楚表明弹状流与泡状流能量之间的变化规律。

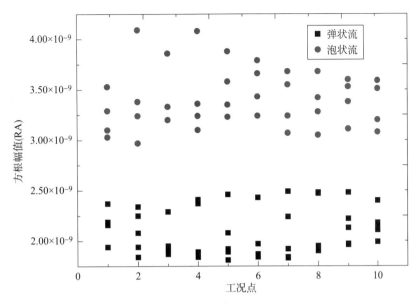

图 4-19　气液两相流方根幅值（RA）

二、频域分析方法及特征提取

1. 噪声信号频率特征分析

气液两相流声发射信号，在频率范围内的信号特征相对于时域信号能够较好地反映，实验使用的声发射采集系统采集的声发射信号采样频率为 0.6 MHz，采样点为 524 288，运用 FFT 算法对信号进行分析，得到其频率特征（Frequence Characteristics）。

对气液两相流噪声信号进行频率特征分析，通过运用 MATLAB 数学软件对流动噪声信号在相对应的频率范围内进行傅里叶变换，得到各个流型下的不同工况下的频率特征即信号频谱图。信号频谱图表示声音频率与能量的关系。通过分析声发射频率图谱，可以从频率幅值定量地观察信号的强度分布范围，进行频率特征分析，选用进行预处理过的信号分析其特征。

通过分析水平实验管段三种典型流型和垂直实验管段的四种典型流型，如图 4-20 所示，从中可以看出不同流向、不同流型下频域信号的差别。

图 4-20（a）~ 图 4-20（c）分别为水平流向下的泡状流、分层流和环状流下的频谱图。泡状流工况下，频率幅值处在较低的范围内，因为气泡在水平管段内缓慢向前流动，流动强度小，引起声发射弹性波较小，幅值低于 20。图 4-20（b）所示为水平流向分层流，其工况虽较泡状流气相和液相流速大，流动较为剧烈，但两相流体分布在管道下部流动，声发射采集的流动信号较小。分层流与泡状流下大致频率幅值处在同一范围。图 4-20（c）所示为环状流下的频谱图，频率幅值较高。由于两相流在环状流工况下，气相流速达到最大值 80 kPa，气相带动液相，使两相流体围绕管壁四周向前流动，故声发射 4 组探头采集的流动信号剧烈，频率幅值达到 350 以上。

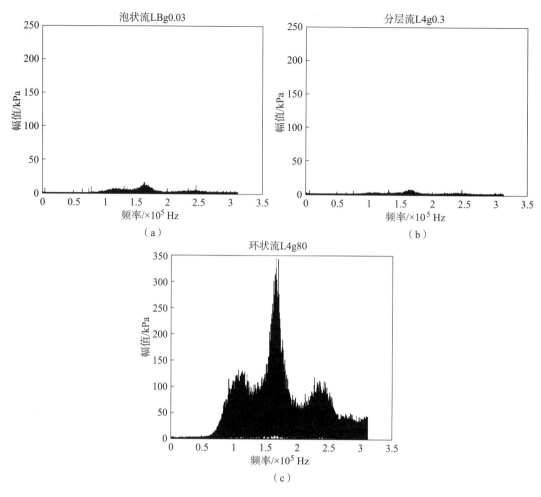

图 4 - 20　水平管典型流型频谱图

图 4 - 21（a）～图 4 - 21（d）所示为垂直流向上的泡状流、弹状流、环状流和乳沫状流四种典型流型下的频谱图。泡状流工况下气泡垂直向上流动，达到垂直管道顶部气泡破裂，声发射探头采集到应力波，气相和液相流速较低，其频谱值较低，在对应的频率范围内没有明显的变化。弹状流工况下，频率幅值有明显变化，气液两相流随着气相流量增大，液相保持不变的情况下，小气泡会变成较大的气弹随着两相流体垂直向上流动，在气弹的尾部伴随大量的气泡，所以在相应的频率内呈现突增的趋势，频率幅值达到 80 kPa。当气相流量和液相流量逐渐增加，但两相流体在垂直向上流动的过程中，受到管壁的摩擦阻力和重力的作用，两相流体无法通过垂直管道顶部又回落到管道下部，两相流体在管道内部上下流动，呈乳沫状。环状流工况下，气相流速和液相流速达到最大，大流量的气相带动低液量的液相流体顺着管壁垂直向上流动，呈环状流动状态垂直向上。

图 4 - 22 ～图 4 - 24 为水平管实验典型流型实景拍摄图片。

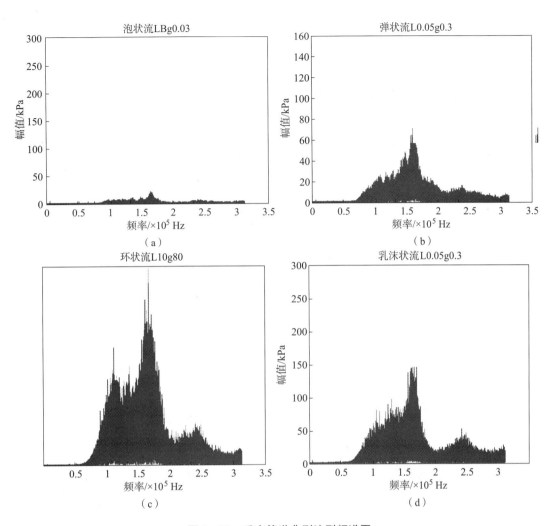

图 4-21 垂直管道典型流型频谱图

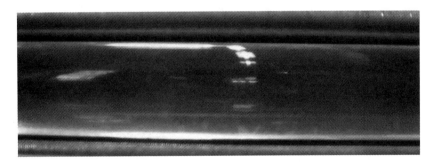

图 4-22 水平管泡状流实景

图 4-25～图 4-28 所示为垂直管道四种典型流型实景。

实验中还观察到了各种形态的过渡流型,管道内气水之间的相互作用强于弹状流但是弱于乳沫状流,管道的上部分是大量的水,下半部分是不完整的气弹随着两相流体上升。

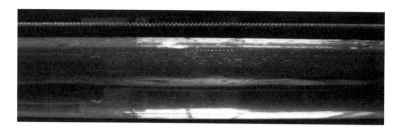

图 4 - 23　水平管分层流实景

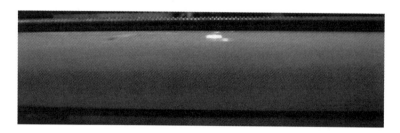

图 4 - 24　水平管环状流实景

图 4 - 25　垂直管道泡状流实景

图 4 - 26　垂直管道弹状流实景

图 4 - 27　垂直管道乳沫状流实景

图 4 - 28　垂直管道环状流实景

三、小波变换分析方法及特征提取

1. 小波基本理论

时频分析的一种方法为小波分析。小波变换继承了窗口傅里叶变换的局部化思想，其思想来源于伸缩与平移方法。在小波变换中傅里叶变换的"大波"（正弦基）被"小波"（小波基）替代。

小波基函数种类多，有频率的变化，有位置的变化，适应各种瞬时信号。小波的两个特征："小"与"波"。"小"——快衰减性，在时间域上具有紧支集或近似紧支集；"波"——波动性，其振幅正负相间的振荡形式，频谱的直流分量为零。对信号进行平移以及伸缩运算从而逐步实现多尺度的细化：在低频处对时间进行粗分，在高频处对时间进行细分，对时频信号分析所提出的要求自行适应，信号中每一个细节都可以聚焦，小波变换也被叫作"数学显微镜"。

1. 基本小波（小波母函数）

基本小波定义如下：令 $\Psi(t)$ 为一平方可积函数，如其傅里叶变换 $\Psi(\omega)$ 满足条件 $\int_R \frac{|\Psi(\omega)|^2}{\omega} \mathrm{d}\omega < \infty$，则称 $\Psi(t)$ 为一个母小波或者是基本小波，也被叫作小波母函数，如图 4 - 29 所示。

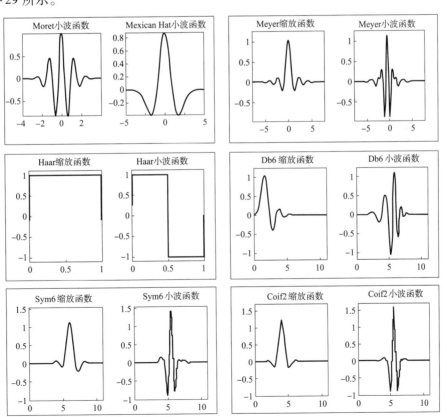

图 4 - 29　部分小波母函数

2. 小波基函数

针对小波母函数 $\Psi(t)$ 进行伸缩以及平移运算，若令伸缩因子为 a，令平移因子为 b，$\Psi_{a,b}(t) = \dfrac{1}{\sqrt{a}}\Psi\left(\dfrac{t-b}{a}\right)$，则称 $\Psi_{a,b}(t)$ 是依赖参数 a，b 的小波基函数。信号的时间信息可以通过小波变换平移母小波获得，信号的频率特性可以通过缩放小波的宽度（尺度）获得。缩放和平移母小波的目的是对小波系数进行计算，这些系数能够很好地表征信号以及小波这两者间存在的关系。

伸缩和平移方法是小波变换的思想来源。

（1）伸缩。伸缩就是在时间轴上伸展或者压缩基本小波，缩放系数越小，小波越窄。如图 4 – 30 所示。

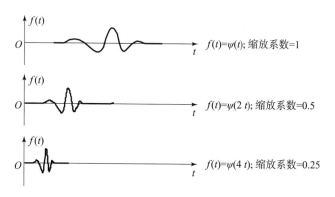

图 4 – 30　小波缩放操作

（2）平移。平移就是小波的延迟或超前。在数学上，函数 $f(t)$ 延迟表达公式为 $f(t - k)$。如图 4 – 31 所示。

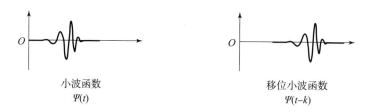

图 4 – 31　小波平移操作

小波变换的步骤：

第一步，选定一个小波基函数，对尺度因子进行固定，把这个小波对齐到待分析的信号的起始位置点，并和信号初始段进行比较。

第二步，计算该时刻待分析信号和现行尺度之下小波能达到的逼近度，也就是算出小波变换系数 c，c 值越大就表示这个时刻的信号和所选定的小波函数有着更为相近的波形表现。

第三步，沿着时间轴将小波函数进行一个单位时间的右移，也就是改变平移因子，之后再重复第一步、第二步，计算得到这时的小波变换系数 c，一直到整个信号长度都被覆盖。

第四步，将所选小波函数进行一个单位尺度的缩放，也就是改变尺度因子，之后再重复第一步至第三步。

第五步，在所有小波尺度下，重复进行第一步、第二步、第四步以及第五步。

以上的过程称为连续小波变换，而连续小波变换计算量巨大，为了解决计算量的问题，我们更多地使用离散小波变换。执行离散小波变换时用滤波器。图 4-32 所示为小波分解的原理图。由图可见，时间序列信号 s 使用两个互补的滤波器，使原始信号产生一个低频信号和一个高频信号。

离散小波变换可以看成由低通滤波器以及高通滤波器组成的树。离散小波变换可以对信号进行多层次分解，且只分解低频信号。图 4-33 所示为三层离散小波分解树，其原始信号 $s = cD_1 + cD_2 + cD_3 + cA_3$。

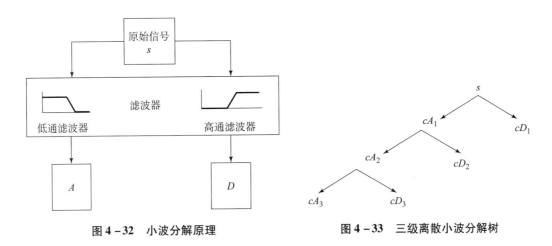

图 4-32　小波分解原理　　　　图 4-33　三级离散小波分解树

3. 小波能量特征提取

本节将垂直管气液两相流动噪声信号作为分析对象。由于小波母函数的选取非常重要，会最终影响数据结果的误差，经过仔细选择，选择具有紧支集和正交性的小波母函数可以减少计算量并提高最终的精度[4]。所以本次将选取 dB2 小波母函数进行 9 层离散小波分解。本次实验采样频率为 500 kHz，由奈奎斯特定理，其所表征最大频率为 250 kHz。每一层小波分解所表征的频率为 125~250 kHz、62.5~125 kHz、31.25~62.5 kHz、15.625~31.25 kHz、……

首先经过数据的预处理，调整数据点的众数，将数据点调整到最佳。将采集到的垂直管气液两相流动噪声信号经过 9 层小波分解提取高频与低频小波系数，最终对系数进行平方运算，得到各频段的能量分布图。图 4-34、图 4-35 所示为垂直管弹状流与泡状流流动噪声信号小波分解各尺度能量分布图。图 4-34（b）和图 4-35（b）所示小波能量占比分别为液相流量 1 m³/h、气相流量 0.06 m³/h（L0.4G0.06）和液相流量 8 m³/h、气相流量 0.06 m³/h（L8G0.06）时两个工况点的小波能量占比图。其他工况点小波能量也均符合此规律。

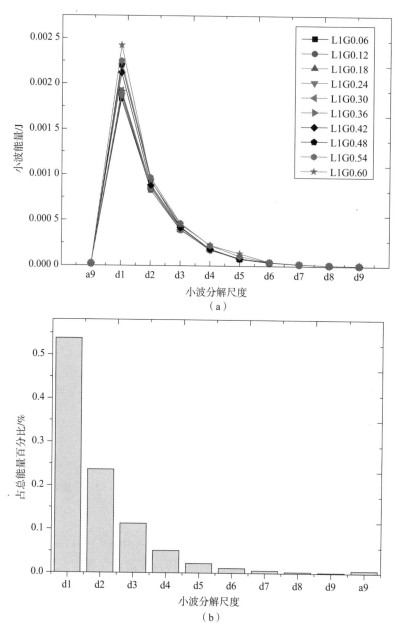

图 4 - 34　垂直管弹状流动噪声信号流小波分解各尺度能量分布图

（a）小波能量值图；（b）能量占比图

　　如图 4 - 34、图 4 - 35 所示，通过对所测得的垂直管气液两相流流动噪声信号进行 9 层小波分解，可以看出不同尺度频率段下，能量值变化特别明显。可以观察到的是垂直管气液两相流动噪声信号能量集中在高频段 d1 ~ d5 层，能量占到 95% 以上。提取垂直管气液两相流流动噪声信号前 5 层小波能量之和，如图 4 - 36 所示，可以观察到，泡状流前 5

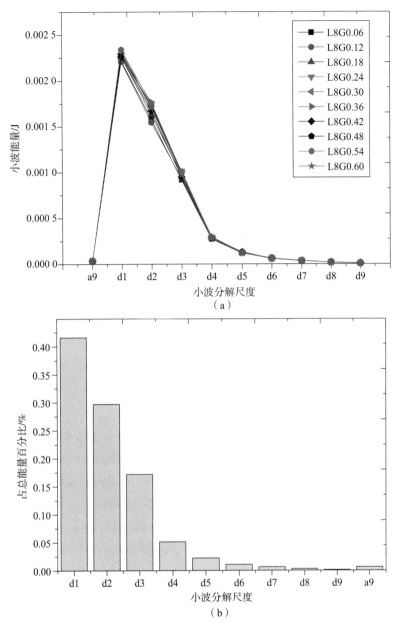

图 4 – 35　垂直管泡状流流动噪声信号小波分解各尺度能量分布图

（a）小波能量值图；（b）能量占比图

层小波能量明显高于弹状流。弹状流小波能量在 0.003 ~ 0.004 5 之间波动，而泡状流小波能量则更多表现在高于 0.004 5 的部分波动。由于两相流流量的增加，泡状流相比弹状流的流动状态更为复杂，两相间作用力更加强烈，泡状流的波动性更强，这是造成泡状流小波能量更大的主要原因。

　　对其余两组重复性实验进行研究，通过对上述四个特征参数进行计算，得到所有工况点的特征参数均符合上述范围。

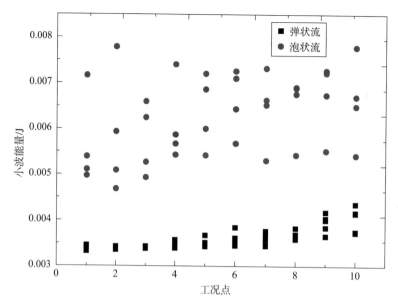

图 4 – 36　气液两相流小波能量分布图

四、气液两相流噪声信号混沌特征分析

1. 气液两相混沌学特性

混沌在科学上解释是如果一个动力学系统的演变过程对初值特别敏感，我们则称其为混沌系统。其混沌的特征是由内部的非线性因素引起的，混沌来自非线性动力系统，而动力系统又描述的是任意随时间发展变化的过程。非线性科学的研究包括非线性映射、混沌分形、动力学反演、自组织与耗散结构、随机非线性微分方程。

混沌最早以四个基本的混沌系统（Lorenz 系统、Logistic 系统、Henon 映射、Rossler 系统）作为研究对象研究的主要是混沌的吸引子的演化过程。混沌初期研究的是混沌系统对系统的初值的敏感程度，对于研究系统的可预测性具有重要的意义。

近年来，混沌理论和分形几何在各学科的应用被广大专家学者所关注。混沌与分形是在非线性科学中很重要的两个分支，混沌学属于物理学的范畴，但是其主要采用的是数学理论知识。分形学是一门几何学，他注重对某一动力学系统行为产生的吸引子进行考察，分维给出了一个关于集合的复杂度，是不规则度量的定量分析。分维主要有拓扑维、Hausdorff 维、自相似维、盒子维、信息维、相关维等。例如，有些信号从时域范围内无法明显地区分，在频域内又不能准确地提取出特征量，可以采用分维数的概念对其进行分析。分维数对信号曲线的粗糙与平滑、凹凸不平、排列不同都是较为敏感的。进行混沌分析时，关于选取哪些混沌动力学的特征量进行表征，其中涉及一些混沌概念。

（1）相空间（Phase Space）是一个用以表示出一个系统所有可能状态的空间；系统每个可能的状态都有一相对应的相空间的点。相空间是一个六维假想空间，其中动量和空间各占三维。每个相格投影到 px – x 平面上后面积总是 h。系统的相空间通常具有极大的维数，其中每一点代表了包括系统所有细节的整个物理态。

混沌是一种确定性的非线性系统所表现出的非常复杂的过程。相空间重构是根据在实验过程中采集的实测信号，在混沌范围内重新构造其吸引子用来研究其动力学特征的过程。相空间从数学和物理学角度上说，是运用一个可以用来表示出系统的所有可能状态。系统每个可能的状态都有一相对应的相空间的点。相空间的重构是进行混沌分析的最重要的第一步。相空间重构最早是在 1980 年由 Packard、Ruell 等人提出的。信号进行相空间的重构之后，能够保证时间序列所对应的动力学系统内在的几何结构的不变性。1981 年 Takens 等人提出了嵌入定理，对于无限长，并且无噪声的 d 维混沌吸引子的时间序列 X_n，可以在其对应的拓扑维不变的情况下找到一个 m 维的嵌入空间，并且维数 $m \geqslant 2d+1$。Takens 原理保证了重构之后的时间序列与原先的信号在拓扑的意义上是等价的相空间[4]。1985 年，Grassberger 和 Procaccia 两人基于坐标的方法，提出了关联积分的概念，这种方法适用于从实际的时间序列中计算混沌吸引子的维数，所以这种算法被称为 G - P 算法。在根据坐标确定的混沌序列中，嵌入维和延迟时间 τ 可以取任何的值，但选取的值直接影响相空间的质量。相空间重构的基本思路就是系统中任意的量都被与之相应的其他量所决定。因此，重构相空间只需研究其中一个分量，并将它在某些固定的延迟点上测量作为一个新的维来处理，对其混沌系统的所有点都进行这种处理，并在不同的延迟时间下就会产生不同的延迟量，并且出现不同的点。最终保存这些产生出来的点，形成一个新的系统空间模型。可以初步确定出系统的真实相空间的维数，相空间重构就是把具有混沌特性的时间序列重构为低维的非线性动力学系统，重构从本质上讲就是通过一维的时间序列反向构造出原系统的空间结构。相空间主要方法大致有三种：伪最近临近点、奇异值分解法和自相关的互信息法。混沌时间序列的判别是对气液两相流的声发射信号进行混沌分析并进行相空间重构，确定两相流声发射信号具有混沌特性。混沌时间序列大致的判别方法主要包括功率谱分析的方法、Lyapunov 指数谱、C - C 法、指数衰减等方法。

（2）不动点又叫平衡点，在连续的动力学系统中，相空间有一个点 X_0 在满足当时间 t 趋向无穷大时，轨迹 $X(t)$ 也趋向于 X_0。

（3）吸引子是指相空间的一个点集和一个子空间随着时间的变化，所有的轨迹都趋向于子空间。吸引子是一个个稳定的不动

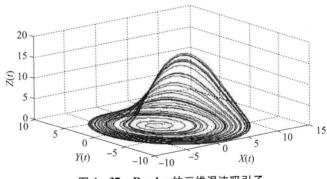

图 4 - 37　Rossler 的三维混沌吸引子

点，吸引子表征了混沌特征的整个变化过程。如图 4 - 37 和图 4 - 38 所示的 Rossler 的三维混沌吸引子和 Lorenz 系统的三维混沌吸引子。

（4）奇异吸引子又被称为混沌吸引子，它是指相空间的吸引子的集合，其几何图形较为复杂。

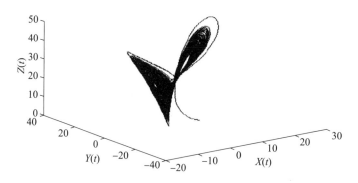

图 4 – 38　Lorenz 系统的三维混沌吸引子

（5）Logistic 映射是一种迭代映射，用于预测下一个点。Logistic 映射反映了方程随时变化的过程。

$$X_n = UX_n(1 - X_n) \tag{4-10}$$

Logistic 映射的 U 在 2 ~ 4 之间变化；仿真的结果如图 4 – 39 所示。

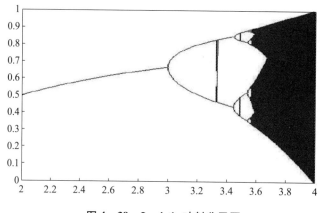

图 4 – 39　Logistic 映射分叉图

通过映射仿真可以观察到，随着参数的变化，微分方程的解由周期通向混沌。由分叉图可以观察到 Logistic 映射随着参数由小变大，映射周期呈现指数变化，成为倍周期分叉，映射由不动点到周期振荡，最后过渡到混沌系统。

2. 气液内相流 Lyapunov 指数

Lyapunov 指数用来表征相空间中两条轨迹线随时间按指数变化和分离的程度。这两个轨迹线具有不同的初值。正的 Lyapunov 指数表征系统是典型的混沌动力学系统和对混沌初值的敏感程度。

在混沌的研究实际应用中，判断时间系列是否具有混沌属性时，并不需要计算时间序列的 Lyapunov 指数谱，只需要得到其时间序列最大的 Lyapunov 指数就可以判断出其是否具有混沌特性，即判断得到的最大 Lyapunov 指数是否为大于 0 的数，并且时间序列的预测 Lyapunov 指数也具有重要的意义。一维的小数据量的最大 Lyapunov 指数有着计算量小、数据量可靠、可用于噪声的优点。Lyapunov 指数的计算是在相空间重构的基础上进行的，在嵌入维数 m、最优延迟时间 τ 的重构相空间，相点 $y_i = [X_i, X_i + \tau + X_i + 2\tau + \cdots + X_i + (m-1)\tau]$，并选取 $N = n - (m-1)\tau$ 为参考点，把参考相点 y 以及在相空间的最近临近点作为相邻的轨道的起始点，来判断相邻轨道的分离状态。轨道的距离采用欧式距离进行判断。

$$\delta_s^i = \| y_{i+s}, y_{ir+s} \| \tag{4-11}$$

$$= \frac{1}{m} \sqrt{\sum_{k=1}^{m} (x_{i+s-(k-1)r} - x_{ir+s-(k-1)r})^2} \tag{4-12}$$

最大 Lyapunov 指数 λ 表示为

$$\lambda = \frac{\ln(\delta_s/\delta_0)}{S} = \frac{\ln\delta_s}{S} - \frac{\ln\delta_0}{S} \tag{4-13}$$

采用上述方法对不同流型下的声发射一维时间序列进行计算，发现不同流型下和同种流型下的不同工况下的最大 Lyapunov 均大于 0，表明采集到的流型噪声信号时间序列具有很明显的混沌特性。

本书运用 Lyapunov 的方法进行两相流声发射信号的混沌分析。首先，针对水平管段和垂直管段提取的气液两相流声发射时域信号进行计算，得到不同工况相应流动状态即流型下的最大 Lyapunov 指数，通过判断采集到的气液两相流声发射信号的 Lyapunov 指数得到两相流的典型的混沌动力学系统。垂直管段两相流不同流型下的声发射信号 Lyapunov 指数具体如表 4-5 所示。

表 4-5　各个流型工况最大 Lyapunov 指数

典型流型	最大 Lyapunov 指数			
泡状流	0.001 9	0.002 3	0.012 9	0.019 1
弹状流	0.001 5	0.001 2	0.001 1	0.001 3
乳沫状流	0.002 8	0.001 9	0.001 4	0.001 2
环状流	0.002 4	0.002 8	0.001 7	0.001 8

由表 4-5 可以得到通过声发射采集装置采集到的管道内部的流动噪声信号具有典型的混沌特征。

3. 延迟时间

选择气液两相流声发射信号作为典型的混沌特征信号，使用互信息法对时间序列的信号进行分析，互信息法针对列向量的一维时间序列。互信息法是估计重构相空间延迟的一种有效的方法，它包含了时间序列的非线性特征及计算结果的优越性。所以，本书选取互信息法来计算声发射时间序列的最佳延迟时间。互信息法较自信息法有着较复杂的计算量，但互信息法包含了时间序列的非线性特征。其计算结果明显优于自相关法。首先对信号进行归一化。由于采集的声发射信号是在两相流体的流动过程中进行采集，因此在采集过程中有可能掺杂高斯白噪声对信号构成污染，所以必须对采集到的声发射信号进行归一化处理，这有助于信号的进一步处理。气液两相流不同流型下的延迟时间表征了不同流动状态下的混沌特性的离散程度，对于研究两相流动状态具有重要意义，如表 4-6 所示。图 4-40 ~ 图 4-43 表示随着流动状态的加剧，管道内的混沌特性变得明显，非线性时间序列延迟所需要的时间更长。

表 4-6　声发射信号延迟时间 τ

流型	泡状流	弹状流	乳沫状流	环状流
延迟时间/s	1	1	1	1

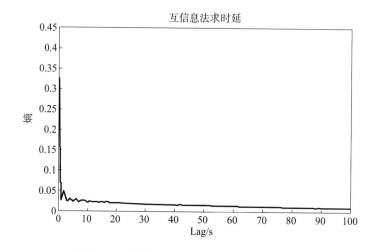

图 4-40　泡状流信号时间序列延迟时间曲线

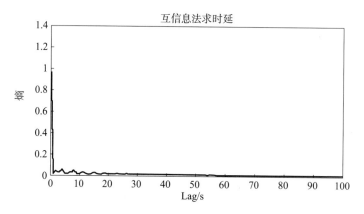

图 4-41　弹状流信号时间序列延迟时间曲线

　　近年来，随着人们对气液两相流认识的深入，尤其是通过非线性的数据处理方法得知气液两相流具有典型的混沌动力学特征。因此，我们对气液两相流的研究，就可以运用混沌学方法对其流动信号进行分析，从而找到两相流典型的混沌特性，判断两相流在不同工况条件下的动力学特征。气液两相流在管道内部的流动，由于受到管道结构和相与相之间的相互干扰，在管道内部呈现不同的流动现象。对于在时间序列范围内的两相流流动信号，通过简单的时间分析法不能准确地反映流体的混沌特性，因此有必要采用新的非线性的数据处理方法，而混沌分析就是这样一种数据处理方法。

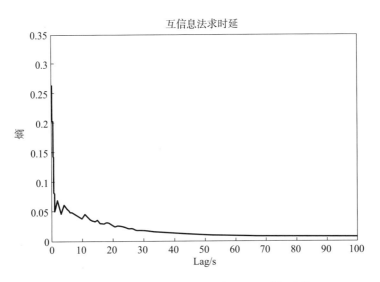

图4-42 乳沫状流信号时间序列延迟时间曲线

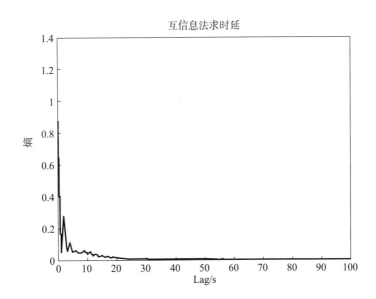

图4-43 环状流信号时间序列延迟时间曲线

五、动态测量不确定度及应用随机过程

1. 动态不确定度分析

与静态测量不同，声发射装置采集的是动态数据，具有实时性、动态性、随机性，其影响因素复杂，因此静态测量不确定度评定方法不能用于声发射测量数据。

动态不确定度分析：首先将采集的原始数据分解为确定性成分和随机性成分，利用小波分解指数窗平滑法从原始数据中估计确定性成分；再通过不确定度评定方法估计其不确定度的大小。随机性成分用 AR 模型中的 Yule – Walker 方程提取出来，并得出随机性成分的不确定度。最后将两部分进行合成，得到总的动态不确定度的估计值。具体处理过程如图 4 – 44 所示。

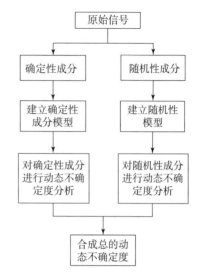

图 4 – 44　动态不确定度评定流程

在确定性成分的不确定度分析中，为了达到实时性的评定要求，采用不确定度理论中的最小二乘拟合法。

步骤：（1）利用原始数据减去确定性成分得到残差 $v(i) = x(i) - x_c(i)$。其中 $x(i)$ 为原始数据，$x_c(i)$ 为确定性成分。

（2）求单位权标准差。

$$\mu(i) = \sqrt{\frac{\sum_{i=1}^{n} v^2(i)}{n-2}} \tag{4-14}$$

式中，n 是拟合数据的长度；i 是拟合相对应的时间。

（3）求 i 点确定性成分的不确定度：

$$s_c(i) = \left\{ \frac{\mu^2(i)}{ns_i(i)} \left(\sum i^2 + i^2 n - 2i \sum i \right) \right\}^{\frac{1}{2}} \tag{4-15}$$

式中，

$$s_i(i) = \sum i^2 - \frac{1}{n} \left(\sum i \right)^2 \tag{4-16}$$

对随机性成分采用 AR 模型，其中 p 为阶次，w_{pi} 为估计项参数，$\varepsilon(i)$ 为误差项。

$$Y(i) = w_{p1}Y(i-1) + w_{p2}Y(i-2) + \cdots + w_{pp}Y(i-p) + \varepsilon(i) \tag{4-17}$$

所以最终随机性不确定度为

$$\varepsilon(i) = Y(i) - w_{p1}Y(i-1) - w_{p2}Y(i-2) - \cdots - w_{pp}Y(i-p) \tag{4-18}$$

$$s_r(i) = \varepsilon(i) \tag{4-19}$$

最终得到动态不确定度为

$$s(i) = \sqrt{s_c^2(i) + s_r^2(i)} \tag{4-20}$$

2. 数据对比

声发射信号采集系统采集的数据采样点有 1 048 500 个，为了使去噪效果表现得更加清晰，对数据随机截取 30 个采样点。图 4 – 45 是各个传感器的原始数据与去噪数据的对比图。

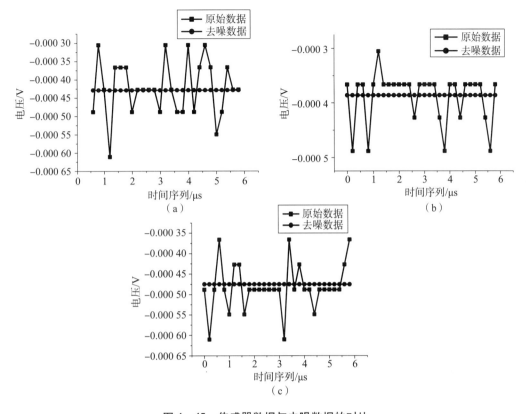

图 4-45 传感器数据与去噪数据的对比

（a）1 号传感器数据对比；（b）2 号传感器数据对比；（c）4 号传感器数据对比

原始信号中包含着噪声信号，使有用的信号被噪声信号隐藏，通过对各个传感器原始数据与去噪数据的对比，从图 4-45（a）~ 图 4-45（c）中可以看出原始数据的信号波动值为 3×10^{-4} V 左右。波动范围大使有用信号被掩埋，经过小波指数窗平滑法处理后的信号趋于平稳，波动范围更小，更好地恢复了信号的真实性。

3. 数据动态不确定度对比

图 4-46 和图 4-47 分别为 1 号传感器和 4 号传感器在小波软阈值去噪和小波指数窗平滑法去噪情况下得到的相应动态不确定度的图形。从图中可以看出，小波去噪中在序列 10 ~ 100 时直接存在明显的能量泄漏和 Pesudo - Gibbs 现象。

从动态不确定度的角度来看，1 号小波指数窗比小波能量泄漏减少 47.9%，4 号传感器能量泄漏减少 52.3%，同时

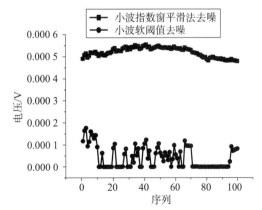

图 4-46 1 号小波指数窗平滑动态不确定度对比

Pesudo – Gibbs 现象得到明显改善。

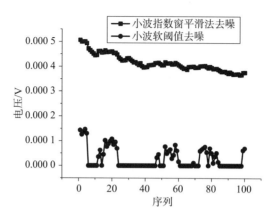

图 4 – 47　4 号小波指数窗平滑动态不确定度对比

第三节　流型识别

一、方案一：时域分析

时域信号特征能够直观地反映出原始信号的特征，不同流型下的时域信号图呈现明显的不同，因此提取不同流型下的时域特征参数定量分析。根据公式（4 – 21）、式（4 – 22）、式（4 – 23）提取出 3 个特征参数，具体如表 4 – 7 所示。均方根表征样本的离散程度：

$$X_{rms} = \sqrt{\frac{1}{N} \sum_{i=1}^{N} X_i^2} \tag{4-21}$$

峰值是在规定的时间范围内变量的最大值：

$$V_c = \max\ (x_i) \tag{4-22}$$

峭度（Kurtosis）K 是反映振动信号分布特性的数值统计量，是归一化的 4 阶中心矩：

$$K = \frac{\int_{-\infty}^{+\infty} [x(t) - x] p(x)\,dx}{\sigma^4} \tag{4-23}$$

表 4 – 7　垂直管典型流型下的时域信号的特征参数

X_{rms}			V_c			K		
泡状流	0.110 4	0.428 4	0.379 2	泡状流	1.125 4	3.331 5	1.325 1	泡状流	0.001 9	0.006 9	0.001 9
弹状流	0.215 3	0.671 9	0.254 0	弹状流	1.124 5	3.331 5	1.325 1	弹状流	0.001 9	0.002 9	0.001 9
乳沫状流	1.323 3	0.885 8	0.241 1	乳沫状流	5.308 6	4.105 5	4.069 0	乳沫状流	0.003 0	0.002 7	0.003 8
环状流	1.614 6	1.468 8	1.299 4	环状流	5.735 4	4.113 7	4.069 0	环状流	0.912 8	0.003 5	0.912 8

通过上述三个时域特征参数分配表可以看出，垂直实验管段时域信号中提取出的特征参数表明不同流动状态（流型）下呈现明显差异。泡状流相对弹状流、乳沫状流以及环状

流流动缓慢，提取的时域参数值对比其他流型下最小，且随着流动状态加剧特征参数逐渐增大。由此得到，时域特征可以明显地区分各个流型下管道内气液两相流动特征。随着流动状态的加剧，其特征值逐渐增大，表明随着管道内流动变化，采集的流动噪声信号强度逐渐增大。

二、方案二：欧氏距离

模式识别作为信息化处理的手段有着广泛的应用。模式识别包括两个过程：设计和实现。设计是指用一定数量的样本进行分类器的选择和设计。实现是指运用分类器对样本进行分类决策。对流型的识别就是设计分类器并运用分类器对流型样本进行决策的过程。

欧氏距离（Euclidean Distance）也称欧几里得距离，它是一个通常采用的距离定义，它是在 m 维空间中两个点之间的真实距离。选取线性分类器，建立样本集就是在典型流型工况点下提取特征参数，并把这些特征参数组成一个特征向量作为样本向量，根据特征参数选择准则函数。本书使用的是基于距离的线性分类器中的最小距离分类器（欧氏距离），把各特征参数作为分类器的特征函数的变量，用距离作判别函数进行分类识别。本书的目的是基于声发射技术，根据声发射设备采集的声发射信号，提取特征参数构成特征向量，进行流型识别。本书研究的流型识别建立在向量距离的基础之上，即某一流型下的特征向量到相应典型流型特征向量的距离必然是最短的。为了能够更好地缩小同一流型间特征向量的距离，并进一步扩大不同流型间的距离，将其扩展到了多维空间中，并做了必要的修改，修改之后的向量距离公式见式 4－24 和式 4－25：

$$d_{(x_1, y_1) \to (x_2, y_2)} = \sqrt{(x_1 - x_2)^2 + (y_1 - y_2)^2} \tag{4－24}$$

$$D_{\vec{a} \to \vec{a_0}} = \left(\sum_{i=1}^{N} b_i (a_i - a_0)^2 \right)^n \tag{4－25}$$

式（4－25）为 N 维的特征向量表达式。

式中，a_i、a_0 分别为特征向量中相对应的特征值；b_i 为与特征值相对应的权重值，通过调整 b_i 的大小可以调整特征向量对流型的敏感程度，进而缩小同流型的距离，放大不同流型之间的差别；n 为大小可调整的次数，由于指数函数的单调性，n 并不能改变特征向量距离之间的相对大小关系，因此将其设为可选的参数，其作用仅仅是拉大流型间已经出现但并不明显的差距，并适当地控制 D 的数值大小。提取特征量时，将实验获得的 2 组数据分类，第一类称为参考数据组，包含第 1 组数据，用于提取特征向量，第二类称为实验数据组，包含第 2 组数据，用于调整各参数以识别工况点的流型。

由于本研究在垂直实验管和水平实验管同时进行了流动噪声信号的采集，垂直实验管段的流动状态更具有代表性，所以选取垂直四种典型流型的噪声信号进行流型识别。

通过大量地比较和不断进行参数调整，垂直流向所提取的特征量为时域信号的均方根、峰值、峭度三个特征参数和小波分解系数的前三层能量平均值以及小波包分解的第三层 8 个节点的信息熵平均值的标准偏差，这 5 个特征参数组成特征向量。特征向量为 $(X_{rms}, V_c, K, \text{Energy (cd1)}, \text{Shannon (std)})$。根据特征向量得到线性分类器，通过编制的程序进行分类器的权重值的调整，得到流型识别的方程式，即

$$D = \left[5 \left(\overline{X}_{\text{rms}} - \overline{X}_{1\text{rms}} \right) \right]^2 + \left[5 \left(\overline{V}_{\text{c}} - \overline{V}_{\text{c2}} \right) \right]^2 + \left[5 \left(\overline{K} \cdot \overline{K}_3 \right) \right]^2 + \qquad (4-26)$$
$$\left[0.1 \left(\overline{E} - \overline{E}_4 \right) \right]^2 + \left[5 \left(\text{Shannon} - \text{Shannon}_5 \right) \right]^2$$

根据上述流型识别的距离公式得到其样本数据的流型向量和四种典型流动状态下的特征向量公式，将每一种流型选取提取出的特征参数平均值，作为这种流型下的特征参数。对垂直实验管道采集的四种典型流型下的流动噪声信号按照要求进行提取，具体如表 4-8 所示。

表 4-8　垂直典型流型参考向量特征参数

流型	泡状流	弹状流	乳沫状流	环状流
X_{rms}	0.306 05	0.380 4	1.150 1	1.460 9
V_{c}	1.696 4	1.927 3	4.655 6	4.839 3
K	0.003 5	0.002 2	0.003 2	0.316 2
Energy	20.832 40	3.354 1	227.063 1	102.924 6
Shannon	0.008 7	0.006 5	0.039 3	0.039 0

由表 4-8 看出，在不同的流型下的 5 个特征参数有着明显区别。表 4-9 为垂直流向的流型辨识结果。

表 4-9　垂直典型流型实验组向量特征参数

流型	泡状流	弹状流	环状流	乳沫状流
X_{rms}	0.379 25	0.254 0	1.323 3	1.468 8
V_{c}	1.651 81	1.325 1	4.825 6	4.113 7
K	0.001 9	0.002 9	0.003 0	0.912 5
Energy	15.723 8	5.374 3	138.24	603.241 5
Shannon	0.008 0	0.005 6	0.017 01	0.014 6

通过表 4-9 提取出的典型流型识别特征参数，运用模式识别的理念，通过流型识别方程进行流型辨识，得到流型的模式识别结果，如表 4-10 所示。

表 4-10　垂直管四种典型流型特征参数流型识别结果

流型	泡状流	弹状流	环状流	乳沫状流
泡状流	2.646 5	24.598 1	1432.588 2	3396.144 9
弹状流	15.680 4	2.301 2	1865.867 1	362.457 6
环状流	817.062 8	2021.333 5	125.306 2	2503.113 6
乳沫状流	4514.519 7	4974.074 2	1415.131 2	789.250 4

表 4-10 的结果显示，四种典型流型下，同种流型之间的距离最短，这表明流型识别公式适用。通过独立的实验数据，对泡状流、弹状流、环状流、乳沫状流进行典型流型下

的流型识别，从表 4 - 10 的识别结果来看，垂直流向的流型识别取得了很好的效果，验证数据相对应的流型下的距离最短，识别结果全部正确。

三、方案三：聚类算法

以下介绍基于模糊 C - 均值聚类算法两相流流型识别。模糊 C - 均值聚类分析简称 FCM 算法，其目的在于发现点、模式或者对象的分组情况，对数据的分组处理和划分是非常有效的。聚类分析在机器学习中应用广泛。模糊 C - 均值聚类方法是聚类算法中的一种，在充分考量实验数据和样本间存在的相互关系的基础上，对数据和样本间存在的隶属度进行分析，再针对每一个数据点运用隶属度来评判对某聚类的所属程度。常见的聚类算法有减法聚类、K - 均值聚类以及山峰聚类等。模糊 C - 均值聚类（FCM）在对模糊问题所做的聚类分析上得到了广泛应用，而且效果非常显著。

模糊 C - 均值聚类（FCM）算法步骤为假设样本点共有 n 个，所有样本点的维数都是 s。运用模糊 C - 均值聚类算法，考虑到每个样本点都表现出不同的物理特性，可将其分成 c 类。

这时目标函数就可作如下表示：

$$J_{\mathrm{m}}(U, V) = \sum_{i=1}^{c} \sum_{k=1}^{n} u_{ik}^{m} (d_{ik})^2, m \in [1, \infty) \tag{4-27}$$

式中，d_{ik} 表示距离范数，是样本点 x_k 和第 i 类的聚类中心 v_i 间的距离；u_{ik} 代表第 i 类中样本点 x_k 的隶属度。

$$d_{ik}^2 = \|x_k - v_i\|_A = (x_k - v_i)^{\mathrm{T}} A (x_k - v_i) \tag{4-28}$$

$$\sum_{i=1}^{c} u_{ik} = 1, (1 \leqslant i \leqslant c) \tag{4-29}$$

迭代过程如下：

（1）通过拉格朗日乘数法对 u_{ik} 求得偏导数。

（2）采用上述公式求得隶属度的值构成的划分矩阵 $U^{(b)}$，这里 b 表示迭代次数。

（3）对聚类中心进行更新。

（4）出现 $\|v^{(b)} - v^{(b+1)}\| \leqslant \varepsilon v_i^{(b+1)} = \dfrac{\sum_{k=1}^{n} (u_{ik}^m)^{(b)} x_k}{\sum_{k=1}^{n} (u_{ik}^m)^{(b)}}$ 时算法就停止，不然重新进行第一步。

对采集的气液两相流动噪声信号进行预处理，提取 90 组两相流信号的均方根值（RMS）、绝对平均值（AA）、方根幅值（RA）以及小波前五层能量之和生成特征参数矩阵。根据所做实验工况点，将数据分类结果定为两类，一类为泡状流；一类为弹状流。通过 MATLAB 数学分析软件对生成的特征参数矩阵进行迭代计算，最终流型分类结果如表 4 - 11 所示。

表4-11 部分工况点特征参数及流型分类结果

序号	特征参数				流型	识别结果
	RMS	AA	WE	RA		
1	6.11×10^{-5}	4.40×10^{-5}	3.43×10^{-3}	1.94×10^{-9}	弹状流	弹状流
2	6.54×10^{-5}	4.84×10^{-5}	3.35×10^{-3}	2.34×10^{-9}	弹状流	弹状流
3	6.09×10^{-5}	4.42×10^{-5}	3.38×10^{-3}	1.95×10^{-9}	弹状流	弹状流
4	6.04×10^{-5}	4.35×10^{-5}	3.49×10^{-3}	1.89×10^{-9}	弹状流	弹状流
5	5.94×10^{-5}	4.25×10^{-5}	3.44×10^{-3}	1.81×10^{-9}	弹状流	弹状流
6	6.17×10^{-5}	4.44×10^{-5}	3.52×10^{-3}	1.97×10^{-9}	弹状流	弹状流
7	6.45×10^{-5}	4.73×10^{-5}	3.44×10^{-3}	2.24×10^{-9}	弹状流	弹状流
8	6.75×10^{-5}	4.98×10^{-5}	3.59×10^{-3}	2.48×10^{-9}	弹状流	弹状流
9	6.76×10^{-5}	4.72×10^{-5}	4.04×10^{-3}	2.22×10^{-9}	弹状流	弹状流
10	7.14×10^{-5}	4.64×10^{-5}	4.46×10^{-3}	2.15×10^{-9}	弹状流	弹状流
11	6.07×10^{-5}	4.41×10^{-5}	5.11×10^{-3}	3.10×10^{-9}	泡状流	泡状流
12	6.09×10^{-5}	4.41×10^{-5}	5.09×10^{-3}	2.97×10^{-9}	泡状流	泡状流
13	6.05×10^{-5}	4.37×10^{-5}	5.27×10^{-3}	3.20×10^{-9}	泡状流	泡状流
14	6.01×10^{-5}	4.35×10^{-5}	5.43×10^{-3}	3.24×10^{-9}	泡状流	泡状流
15	6.03×10^{-5}	4.35×10^{-5}	5.42×10^{-3}	3.23×10^{-9}	泡状流	泡状流
16	6.01×10^{-5}	4.33×10^{-5}	5.68×10^{-3}	3.24×10^{-9}	泡状流	泡状流
17	6.15×10^{-5}	4.29×10^{-5}	5.31×10^{-3}	3.07×10^{-9}	泡状流	泡状流
18	6.26×10^{-5}	4.42×10^{-5}	5.43×10^{-3}	3.05×10^{-9}	泡状流	泡状流
19	6.40×10^{-5}	4.43×10^{-5}	5.52×10^{-3}	3.11×10^{-9}	泡状流	泡状流
20	6.54×10^{-5}	4.46×10^{-5}	5.42×10^{-3}	3.08×10^{-9}	泡状流	泡状流

根据FCM算法分析得知，如表4-12所示，实际为90组的泡状流与弹状流全部被识别正确，正确率达到100%。说明通过两相流声发射信号的时域特征参数以及小波能量结合模糊C-均值聚类算法对垂直管气液两相流流型辨识有很好的效果，在线识别率很高。对比张垚利用声发射进行的两相流流型辨识的研究，同样取得了很好的识别率。

表4-12 特征参数及流型分类结果

流型	聚类结果		识别率/%
	G1	G2	
弹状流	50	0	100
泡状流	0	40	100

四、方案四：高速摄像

高速摄像机实现了对快速运动的目标在较短时间间隔内进行多次、快速的采样。因此在重新以正常速度播放时，就可以较清晰地将所观察到的对象的运动变化过程缓慢地呈现在我们的面前。本书中所介绍的高速摄像技术就是依托实验室采购的高速摄像机，进行实时的目标捕获、及时回放、图像的快速记录等，通过对有机玻璃管段进行拍摄来判定其气液两相的流型。因其有自身记录的优点，能够保证图像的清晰、准确，从而弥补了用肉眼直接观察的不足之处。

人眼是有限制的，而高速摄影机刚好可以弥补这个缺点。它能够分辨出眼睛没有办法分辨的流体形式。但是这种方法也是有缺点，它可能在多个相流之间发生折射或者反射等光学现象，使图像变得不清楚。还有，由于它收集的成像内容很多，不容易进行数据分析与处理。

本书对垂直上升管道的图像进行灰度处理，并对直方图进行均衡化处理，从而方便对图像进行观察。图4－48 所示为垂直上升管道各流型灰度。

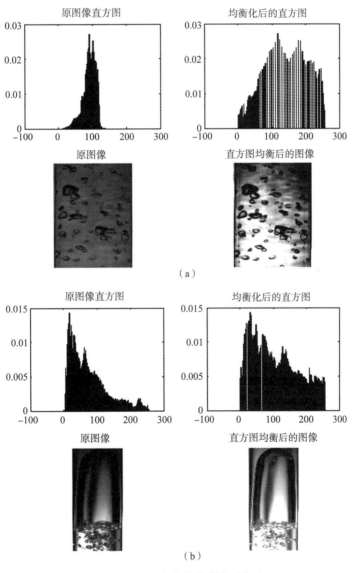

图4－48　垂直上升管道流型灰度

（a）泡状流；（b）弹状流

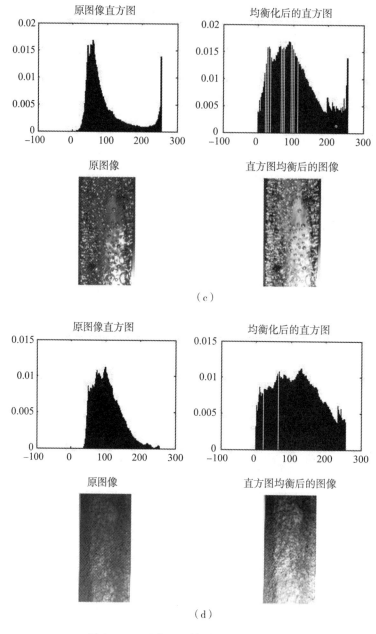

图 4 – 48　垂直上升管道流型灰度（续）

（c）乳沫状流；（d）环状流

通过对采集的图像进行灰度化，并对灰度直方图进行均衡化，从而使图像更清晰，进而能够直观地观察不同流型间的特征。从图 4 – 48 可以看到，在垂直上升管道的泡状流中，小气泡出现在管道中连续的液体内，是在含气率较低的情况时出现的。随着含气率的增加，小气泡相互融合，出现弹状流的情况，管道内间隔性的出现气弹，气弹的尾部可以看到夹带的一连串的小气泡，含气率在此增加，气弹增大到一定程度后将破裂，从而出现乳沫状流，其流动状态会有一定的振荡性，当继续增加气相流速，可以发现乳沫状流的振荡性将消失，两相流的液相沿管壁流动，气相在管道中间流动。随着两相流流速的增加，流动逐渐加快。

五、方案五：关联维数

在实验准备阶段，声发射设备的自身软件已经对采集的数据进行了一定的预处理，通过多次实验来确定门槛值的设置，对外界较大的噪声主要是针对空压机的较大振动进行了屏蔽。

采用高速摄像法时使用 Motion Pro Y3 型的高速摄像仪对气液两相流的四种典型流型的流动过程进行录制，从而更直观、方便地观察流型特征。灰度直方图是图像的灰度值的函数，描述的是图像中具有某一灰度值的像素的个数或者概率。直方图的横坐标代表图像中像素的灰度值，纵坐标代表该灰度值在图像中出现的次数或者概率。直方图是在多种空间域中进行图像处理的基础，对直方图的操作能有效地进行图像增强，同时直方图中所蕴含的信息对诸如图像压缩和分割等图像处理应用也有很大的用处。常用的直方图处理技术有直方图均衡化、直方图匹配（规定化）、局部增强、在图像增强中使用直方图统计法等。

在信号分析中，均值和方差是描述信号数据集中趋势和离散程度的两个最重要的测度值。

假设 $\{x_i \mid i = 1, 2, \cdots, N\}$ 为检测到的一维时间序列（流动噪声信号）。

信号均值：

$$\bar{x} = \frac{1}{N} \sum_{i=1}^{N} x_i \tag{4-30}$$

信号方差：

$$s = \sqrt{\frac{\sum_{i=1}^{N} (x_i - \bar{x})^2}{N-1}} \tag{4-31}$$

计算信号的均值和方差可使用 MATLAB 中的 mean 和 std 函数来实现。

图 4-49（a）表示在各液相点所对应的各气相点的均值图，从图中可以看出，随着气相和液相流量逐渐增加，其均值没有太大的变化。图 4-49（b）表示统一工况下各液相点所对应气相点的方差图，从图中可以看出，随着气相流量的增加，波动性逐渐增强，当气相大于 80 m³/h 时，出现较大的增加。

图 4-50 是各液相点相对应的各气相点下流动噪声的关联维数图。图 4-50（a）为探头 2 采集信号的处理结果；图 4-50（b）为探头 3 采集信号的处理结果；图 4-50（c）为探头 4 采集信号的处理结果。从图 4-50（a）~图 4-50（c）都可以看出在气相点为 0 m³/h、20 m³/h、30 m³/h 时关联维数保持较高的数值，约为 6；在气相点 60 m³/h 及以后保持较低的数值，约为 4；而在气相点 40 m³/h、50 m³/h 时关联维数处于过渡的状态。这说明气相点 0 m³/h、20 m³/h、30 m³/h 具有相同的系统动态特性，气相点 60 m³/h 及以后具有相同的系统动态特性，气相 40 m³/h、50 m³/h 处于过渡的状态。图 4-51 是对垂直上升管道四种典型流型在六个工况点下流动噪声的关联维数图。从图中可以看出，泡状流

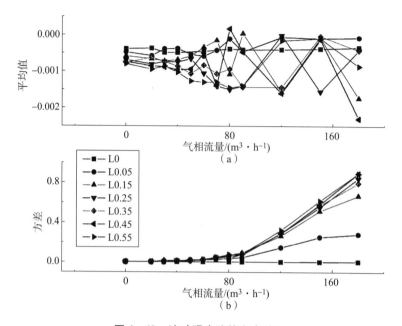

图 4 - 49 流动噪声均值和方差图

（a）气相流量/(m³·h⁻¹)；（b）气相流量/(m³·h⁻¹)

和弹状流有较高的关联维数（6.5 左右）有一定的交叉，并且气相点和液相点都在较低的范围内。乳沫状流的相关维数在 6 附近，而环状流由于气相的含量较高，关联维数集中在 4 左右，环状流比与其他三种流型差距比较大。

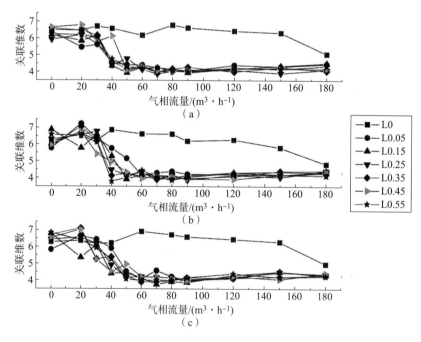

图 4 - 50 流动噪声关联维数图

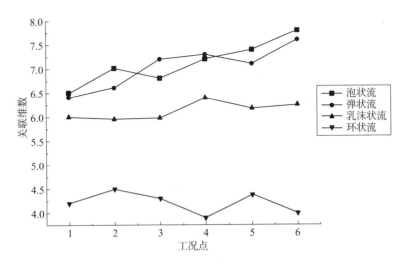

图 4 – 51 垂直上升管道四种典型流型六个工况点的相关维数图

六、方案六：小波分析

研究流型就是为了确定流型的类别以及流型之间相互转化的条件，解读和分析不同流型产生原因和变化机制，而小波变换则提供了一种解决数据分析的方法。

Lempel – Ziv 复杂性、功率谱熵和近似熵对气液两相流流型变化是敏感的。

利用小波变换可以有以下 3 种特征提取方法：

（1）基于小波变换的模极大值特征；

（2）基于小波变换的能量特征；

（3）基于小波包分解的熵特征。

MATLAB 与小波分析

MATLAB 是一种科学前沿的数学工具，汇集了计算、显示图像及处理数据、设计界面等众多功能，是解决科学实际与工程问题的强大工具。

MATLAB 包含了小波变换的所有函数，可以方便、有效地对数据进行小波分析，它还有小波工具箱，可以快捷地画出图形，减少了编程的麻烦。

对零点时的高频数据进行小波分析，对能量各尺度分解进行判断。

由图 4 – 52 可见，采集的振动信号的噪声能量主要集中于 cd1、cd2、cd3、cd4 和 cd5，这五个细节系数的能量占信号总能量的 65.7%，而 cd6 的能量只占信号总能量的 1.1%。信号中 ca6 即近似系数的能量占信号总能量的 17.9%。

由上面的分析可见，信号噪声占据了几个主要的高频和低频。应重点关注 cd1、cd2、cd3、cd4、cd5 和 ca6 的系数变化，其中 cd6 可以忽略。

利用 MATLAB 中的概率密度函数 y = eeee( ) 编写能量分解程序，保持至 MATLAB 一特定文件中，用语句可随时调用。

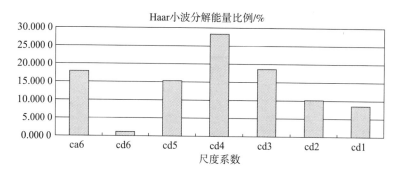

图 4 - 52　能量比例图

```
functiony = EEEE(s)
% 计算原始信号与各分解层次的能量比例
se = sum(s'* s);
[A,L] = wavedec(s,6,'haar');
% 计算 ca6 的能量
a = 1;
b = L(1);
ca6 = A(a:b)'* A(a:b);
% 计算 cd6 的能量
a = a + L(1);
b = b + L(2);
cd6 = A(a:b)'* A(a:b);
% 计算 cd5 的能量
a = a + L(2);
b = b + L(3);
cd5 = A(a:b)'* A(a:b);
% 计算 cd4 的能量
a = a + L(3);
b = b + L(4);
cd4 = A(a:b)'* A(a:b);
% 计算 cd3 的能量
a = a + L(4);
b = b + L(5);
cd3 = A(a:b)'* A(a:b);
% 计算 cd2 的能量
a = a + L(5);
b = b + L(6);
cd2 = A(a:b)'* A(a:b);
% 计算 cd1 的能量
a = a + L(6);
b = b + L(7);
cd1 = A(a:b)'* A(a:b);
ca6
```

```
cd6
cd5
cd4
cd3
cd2
cd1
% 计算各级能量所占比例
% a6e = a6e/se* 100
% d6e = d6e/se* 100
% d5e = d5e/se* 100
% d4e = d4e/se* 100
% d3e = d3e/se* 100
% d2e = d2e/se* 100
% d1e = d1e/se* 100
```

上述是源程序，在 MATLAB 工作区用以下语句：

```
loadx. txt;
y = eeee(x);
```

进行调用即可，其中 x 代表的是保存有高频数据的文本名称。

对 0.05 MPa 下液相与气相均为 0 相点进行分析：

```
loadP50LOG0C1.txt;% 分析 0.05 MPa 下液相与气相均为 0 探头 1 的数据
```

其他点调用与上面类似，在此不一一列举，通过 MATLAB 运行处理后，计算出各能量分量所占的比例，画出其折线图，如图 4-53 和图 4-54 所示。

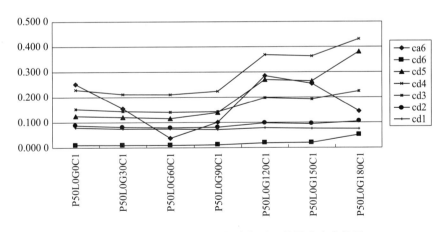

图 4-53　10.05 MPa 下 0 相点探头 1 能量分率走势图

（1）虽然探头安放的位置不同，但是各频带能量的变化趋势和能量所占的比例是相近的，在分析问题时可以只分析一个位置处的探头。

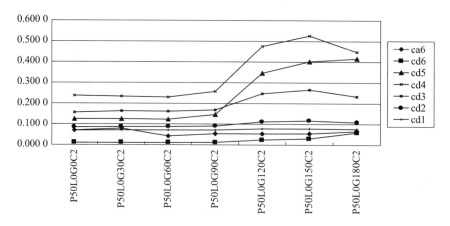

图 4 - 54　0.05 MPa 下 0 相点探头 2 能量分率走势图

下面对 0.1 MPa 下的液相 0.15 进行研究，取探头 2 分析。首先，列出其能量分解数据，如表 4 - 13 所示。

表 4 - 13　0.1 MPa 下液相 0.15 探头 2 能量分解数据

	0	20	30	40	50	60	70	80	90	120
cA6	0.613 7	0.638 6	2.136 5	2.255 5	9.963 5	7.897 8	23.255 4	40.543 6	4 242.600 0	758.516 6
cD6	0.101 6	0.145 0	0.883 0	3.591 5	25.489 1	21.641 3	58.241 0	88.407 7	3 022.900 0	1 514.400 0
cD5	4.555 5	2.554 0	29.579 3	34.786 5	152.195 2	162.242 2	514.564 0	945.631 4	106 140.000 0	15 890.000 0
cD4	4.608 0	2.929 8	22.820 0	36.912 4	108.250 6	130.962 5	418.315 2	719.760 8	34 259.000 0	12 519.000 0
cD3	6.262 0	1.254 7	8.595 2	13.414 7	37.946 8	45.601 5	141.374 4	256.424 9	23 515.000 0	4 389.000 0
cD2	2.521 1	0.449 0	2.426 3	3.795 8	10.381 3	12.531 4	38.425 3	69.599 5	6 461.500 0	1 191.000 0
cD1	0.316 7	0.230 4	0.735 4	1.083 1	2.757 1	3.314 3	9.923 5	17.871 2	1 661.200 0	304.076 5

对各分解能量所占的比例（例如，0 气相点下 ca6 占总能量的比例）作出图像，如图 4 - 55 所示。

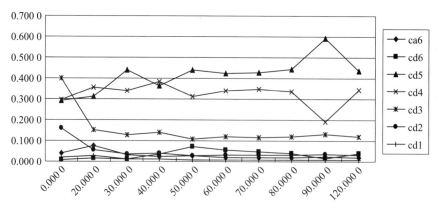

图 4 - 55　0.1 MPa 下液相 0.15 探头 2 的能量走势

也一并作出实际的能量情况图，如图 4 - 56 所示。

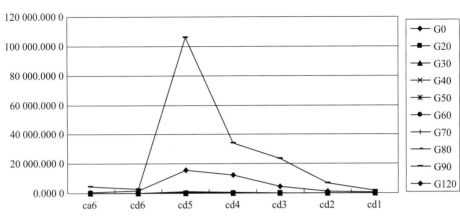

图 4 - 56　0.1 MPa 下液相 0.15 能量图

（2）由图 4 - 53 和图 4 - 54 可以明显看出，cd4、cd5 能量图线最为突出，故管道振动信号的能量集中在 cd4 和 cd5 这两个频带上。

通过对高频数据进行分析，发现还存在一些问题。计算小波分解各尺度内的能量能够大概反映管道内两相流体的流动状态，但是不能准确地表示流型过渡的机理，并且不能以噪声信号确定此时管道中的两相流体是什么流型。

七、方案七：希尔伯特分析

希尔伯特谱的流态转换特性研究如图 4 - 57 所示。如图 4 - 57（a）所示，单相水流动只受重力影响，声发射应力波信号主要来自液体与管壁的摩擦。与两相流液体之间的噪声相比，接收信号的振幅明显较小。与气液两相流噪声在高频区不同，单相流噪声主要集中在低频区，其产生的能量较低。对于弹状流，从图 4 - 57（b）可以看出，流动噪声的能量集中在中高频区。弹状流噪声信号是在气体弹头通过传感器时收到的，它显示与突发性声发射信号类似的特征，并呈现周期性。与图 4 - 57（b）相比，图 4 - 57（c）中过渡流的能量分布更加分散，因为随着液体表面速度的增加，气弹逐渐破碎成小气泡。但是气弹并没有完全破碎，导致气弹尾部出现小的气流。当表征弹状流的泰勒气泡完全破碎时，整个气泡破碎过程趋于终止，形成气泡流，如图 4 - 57（d）所示。更密集的能量产生反映在希尔伯特谱上，能量分布趋于均匀。流动噪声信号呈现不规则的形态，信号的波动性增强，呈现与连续声发射信号类似的特征，而突发信号在时域区间内不再出现[6]。

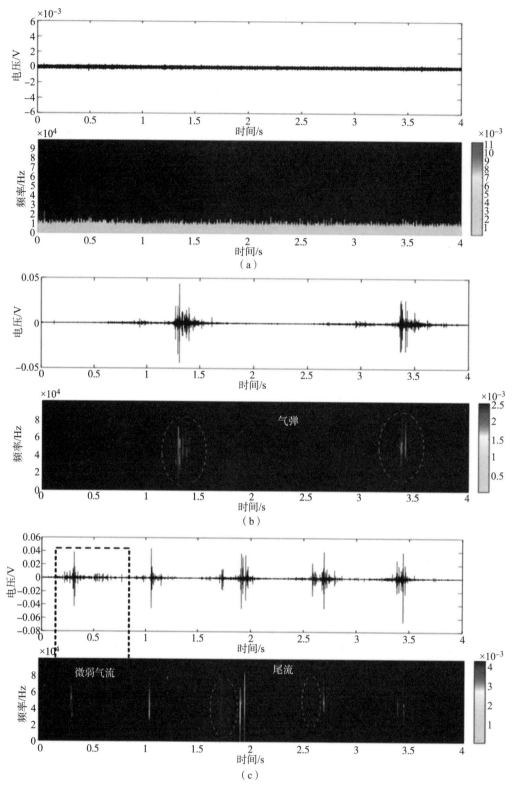

图 4 - 57 希尔伯特谱的流态转换特性研究

（a）单相水；（b）弹状流；（c）过渡流型

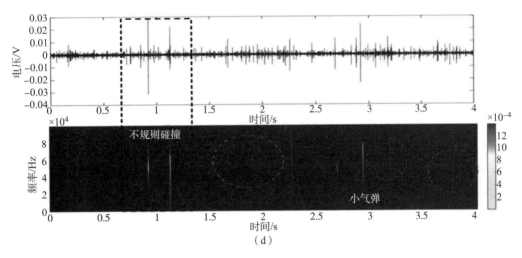

图 4 – 57　希尔伯特谱的流态转换特性研究（续）

（d）泡状流

参 考 文 献

［1］方立德，张毒，张万岭，等 . 基于声发射技术的垂直管气液两相流动检测方法［J］. 化工学报，2014，65（04）：1243 – 1250.

［2］付禄新 . 气液两相流管内流动噪声信号分析方法研究［D］. 保定：河北大学，2018.

［3］李兴茹 . 气液两相流动噪声信号的检测及特征提取［D］. 保定：河北大学，2015.

［4］张垚 . 基于声发射技术的气液两相流动噪声特性检测与机理研究［D］. 保定：河北大学，2014.

［5］张子吟 . 气液两相流流动噪声检测及特性研究［D］. 保定：河北大学，2012.

［6］ZHAO N，LI C，WANG F，et al. Acoustic emission-based flow noise detection and mechanism analysis for gas-liquid two-phase flow［J］. Measurement，2021，179：109480.

第五章

基于多孔节流装置的气液两相流动
噪声检测及分相流量计量

第一节　多孔节流装置设计及特性研究

一、多孔节流装置的应用现状

作为气液两相流测量领域广泛使用的流量计品种之一，差压式流量计是如今众所周知的在两相流动各流动形态下均可以平稳应用的一类流量测量装置。它以分相或均相模型为出发点，进而确立流量与差压的对应关系。其中，具有最长发展历史的为节流差压式流量计，差压式的原理基本都见于节流流量计。该流量计具有安装方便、工作可靠等优点，经过长时间的研究，形成了成熟的国际标准，目前众多厂家推出的多相流测量系统中都包括差压流量计。广泛应用的节流式差压流量计有文丘里、V 锥以及孔板流量计。

孔板流量计又由于耐久度高并且结构简单而成为如今全球范围内具备高标准化、应用最为广泛的流量计。基于标准孔板流量计对单相流量或均相流量的测量成熟度较高，但同时也存在着线性差、重复性低、流出系数不稳定、永久压损大等一些不足。Marshall Space Flight Center 发明设计了一种新型差压式流量测量装置，即 A + K 平衡流量计（又称为多孔孔板流量计）。多孔孔板流量计突破了传统节流装置的束缚，对比传统标准孔板流量计，此种流量计拥有精密程度高、永久压损小、直管段短、量程范围大等优势。

二、用于流动噪声测试的多孔节流装置优化设计

根据气液两相流动理论、声发射检测技术、现有多孔孔板流量计测量方法，设计新型多孔孔板流量测量装置的基本结构。

新型多孔孔板流量测量装置由三部分组装而成。前、后两部分均为不锈钢取压直管段。多孔孔板作为节流件固定在前后直管段的中部。为使声发射探头能够接收流动声发射信号，多孔孔板需要在延伸区域设置若干个凹槽放置声发射探头，因此多孔孔板的直径要大于管直径 D。由于国际标准《用安装在圆形截面管道中的差压装置测量满管流体流量第二部分》（ISO 5167—2：2003）中对标准孔板取压方式及其位置有明确的说明，该说明同样适用于多孔孔板流量计。考虑到此次实验管段直径的大小，本装置选择法兰取压方式，即分别在多孔孔板两侧 25.4 mm 处设置前后取压孔。相对于利用角接取压，法兰取压方式

拥有泄漏部分少、装配便捷、安装简易、易于清除取压位置的污垢等优势。将多孔板夹放在前后直管段中部，用螺栓将三部分固定组装，整体尺寸满足以上结构尺寸要求。其装置结构如图 5-1 所示。

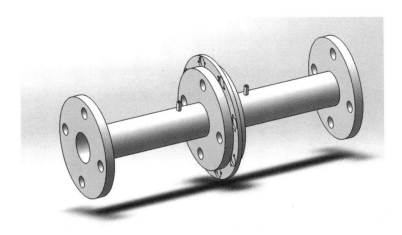

图 5-1　多孔孔板流量测量装置结构

在设计多孔流量测量装置过程当中，根据不同条件的测量，节流孔的大小、排布方式和节流孔的个数等都是最为重要的设计参数。在已有多孔平衡流量计的基础上选择对节流孔的数量进行优化，除了孔板上节流孔的数量不同外，其余模型参数均保持一致。在本书中以管内通径为 50 mm、等效直径比为 0.46 的多孔流量计为例，保持多孔板的节流孔直径一致，并且将孔板的中心点作为圆心，节流孔均匀排列于同心圆周上。为了使对比计算结果具备准确性，在此应保持网格的尺寸的划分与计算参量选取的一致。

运用 CFD 仿真模拟软件构建多孔流量测量装置的外形结构。当流体处于湍流状态时，要保证当流量计在测量时流体以一种均匀平稳的形式流动，这就需要在流量计测量的前端设置一段直管。另外，为确保在流场由于节流而被破坏后可以恢复至节流之前的流动形式，流量计的后端也应放置一定长度的直管段。故在确定区域的计算和仿真模型的建立时也应在前后设计两个直管段。分别设计长度为 4D 的直管段放置在流量计多孔板的前后。多孔流量计的外形尺寸参考流量测量节流装置设计手册。

本书直接选用体网格来划分网格，如图 5-2、图 5-3 所示。选用体网格的 Element（选项）为 Tet/Hybird（六面体锥体），即四面体混合，同时选定 TGrid（四面体）作为（选项的）Type（类型）。为了提升计算精度，需对网格做局部加密处理，考虑到在多孔板前后压力会急剧地变化，因此对节流前后的直管段以及多孔孔板进行局部加密。通过网格无关性原则来选择合适的网格尺寸和数量。

根据库埃特流动原理，管中流体流动时最大流速出现在内部的中轴线处。因此为了达到良好的整流效果，在多孔孔板的中心位置开一个节流孔，其尺寸与其他节流孔保持一致。由于条件的束缚，本书所比较的开孔数目分别是 5、7、9、11、13、15、17 个。此外，节流孔全部均匀地排列于同心圆周上。

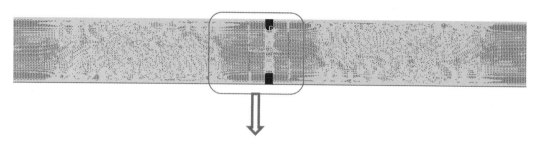

图 5 – 2　对多孔孔板流量计的网格划分

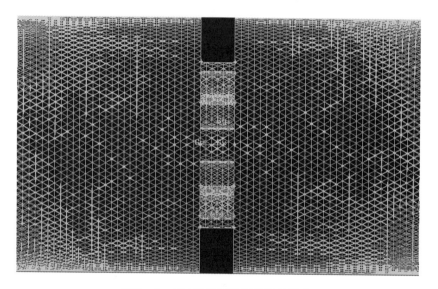

图 5 – 3　多孔孔板网格划分局部放大

通常将永久压损值作为指标以判断多孔孔板流量计优秀与否。管内流体处于流动状态时，进出口位置的压力差值即为永久压损。当对仿真进行分析时，在多孔孔板流量计中设置一个横截面，其位于节流件的后端25.4 mm 处。设置入口处速度边界条件为 1 m/s，出口处边界条件为自然流出，默认管道内壁不存在滑移，设置常温单相水作为流体流动。参数设置完毕通过迭代运算从而得到动态的流体流场，同时获取后端所设置横截面处流场的速度云图，如图5 –4 所示。

由仿真结果得到，逐渐增多节流孔的个数，在同一边界情况条件中，由此对管内流场带来的平衡整流现象也在不断优化。然而增加的节流孔个数并不是无限的，当节流孔个数增至一个数值以后，其对流场的整流不再出现明显的效果。在管直径为 50 mm、等效径比为0.46、单相水入口处流速为 1 m/s 的测量情况中，根据速度云图得知，位于后端25.4 mm 位置上，5 个节流孔时的平均流速为 4.37 m/s，7 个孔的平均流速为3.72 m/s，9 个孔的平均流速为3.19 m/s，11 个孔的平均流速为2.83 m/s，13 个孔的平均流速为2.68 m/s，15 个孔的平均流速为2.78 m/s，17 个孔的平均流速为2.75 m/s。据此可知，节流孔的个数增加至 13 个时总体上可以出现一个最好的流场整流结果。

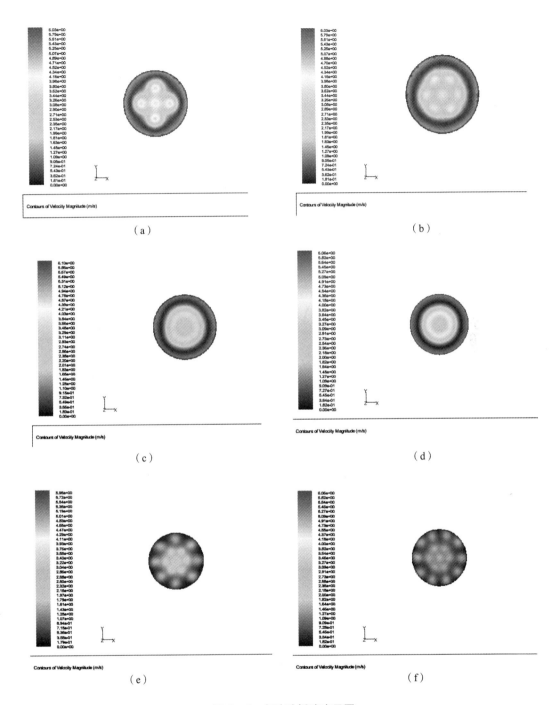

图 5 - 4　多孔孔板速度云图

（a）5 个节流孔；（b）7 个节流孔；（c）11 个节流孔；（d）13 个节流孔；

（e）15 个节流孔；（f）17 个节流孔

根据仿真分析效果，得到永久压损与节流孔个数两者的变化趋势，即压损特性曲线，如图 5-5 所示。

图 5-5 可以清晰展现，随着节流孔个数的增长，在开孔数达到 13 个之前，多孔孔板流量计的永久压损呈现逐渐降低的趋势，当孔数达到 11 个时，永久压损表现出比较反常的状态，即压损出现了峰值，但从大体来看仍呈现显著减小的趋势；当开孔数目大于 13 时，增加开孔的个数，永久压损表现出略微增大的态势。从表 5-1 得到，当等效径比为 0.46 时，多孔孔板开孔数为 13 个的情况下效果最佳。

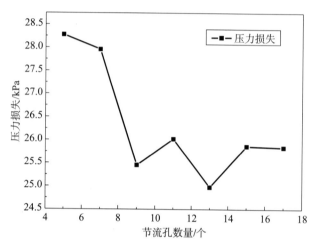

图 5-5　压损特性曲线

表 5-1　节流孔数量特征关系

节流孔数量	压力损失/kPa	差压值/kPa	下游 25.4 mm 处流速/(m·s⁻¹)
5	28.616	34.038	4.37
7	27.958	32.893	3.72
9	25.455	31.215	3.19
11	26.019	29.896	2.83
13	24.978	27.327	2.68
15	25.865	28.230	2.78
17	25.839	28.275	2.75

基于以上对多孔孔板结构的优化及仿真计算，得到适用于本书的新型多孔孔板，结构如图 5-6 所示，实物如图 5-7 所示。

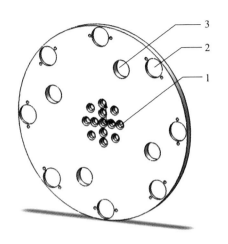

图 5 - 6　多孔孔板结构　　　　　　图 5 - 7　多孔孔板实物

1—节流孔；2—放置声发射探头的凹槽；3—螺栓孔

三、多孔节流装置的单相流动测量特性

依据设计差压式流量计标准的规定，对一种新型流量计的性能进行分析，应着重探索其单相流与多相流动两个常见领域的适用性，并且研究多相流动形态是以单相流动形态的特征作为基础的，所以对单相流参数进行标定意义重大。流量作为单相流关键的参数，其测量精确与否取决于流出系数 C 以及差压信号的计量精度，差压信号能够用压力变送器的准确度进行保障，但是新型多孔孔板流量测量装置的流出系数却无从得知，仅可以利用测试结果得到数据进行标定。

本节利用新型多孔孔板流量测量装置进行垂直方向的单相水试验，该项试验在河北大学多相流检测系统上完成。参考差压式流量计设计标准《用安装在圆形截面管道中的差压装置测量满管流体流量》（GB/T 2624.2—2006）和《用差压装置测量液体流量》（ISO 5167：2003）的要求，对其流出系数等进行标定。结合实验具体环境与预期工作条件，设置单相水的测量范围为 0.2 ~ 10 m³/h，在测量范围内选取 14 个工况点进行测试。工况点分别为 0.2 m³/h、0.4 m³/h、0.6 m³/h、0.8 m³/h、1 m³/h、2 m³/h、3 m³/h、4 m³/h、5 m³/h、6 m³/h、7 m³/h、8 m³/h、9 m³/h、10 m³/h。实验时共重复进行三次，在实验过程中实时进行水路温度、水路压力、实验管段背景温度、背景压力以及流量计差压信号等数据的采集并进行存储。

参照连续性方程与伯努利公式可知，差压式流量计的测量公式如下：

$$Q_1 = \frac{C \times \beta^2 \times \pi \times D^2}{\sqrt{1 - \beta^4}} \times \sqrt{\frac{2 \times \Delta p}{\rho}} \quad (5 - 1)$$

式中，Q_1 为液相体积流量，单位为 m³/h；C 为流出系数，无量纲；D 为管道口径，单位为 m；Δp 为差压，单位为帕（Pa）；ρ 为实际工况下，节流件上游密度，单位为 kg/m³；β 为节流比，即等效直径比。由式 5 - 2 求得节流比：

$$\beta = \sqrt{\frac{A_0}{A}} = \sqrt{\frac{N\pi d^2}{\pi D^2}} = \frac{d\sqrt{N}}{D} \qquad (5-2)$$

式中，A_0 表示所有节流孔流通截面积之和（m^2）；A 表示管内径流通截面积（m^2）；N 为小孔个数；D 为工况下管道的直径（m）；d 为小孔的直径（m）。

$$\Delta p = p_1 - p_2 \qquad (5-3)$$

式中，p_1 为节流件前取压孔压力，单位为 Pa；p_2 为节流件后取压孔压力，单位为 Pa。

在单相水的三次重复性实验数据中理论流量与实际流量的对应关系，如图 5 – 8 所示。

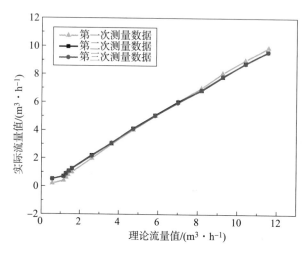

图 5 – 8　理论流量与实际流量对应关系

由图 5 – 8 可以看到新型多孔孔板流量计中的流出系数 C 并不是一个固定的值，为了得到准确的实际流量值，需要对流出系数 C 进行拟合。

在单相流实验过程中由于参数变量较少，因此对流出系数与各个变量之间的变化趋势进行观察。如图 5 – 9 所示，以第一次实验数据为例，发现流出系数与差压呈现较好的指数关系，利用数据处理拟合软件，经数据处理并拟合流出系数曲线。后续对剩余两次实验数据进行分析，发现与第一次数据具有相同的变化趋势。从而验证了模型的重复性与可靠性。

因此对流出系数与差压值进行指数形式拟合，将实验数据带入数据处理拟合软件中，进行模型匹配，得到基础模型，如式 5 – 4 所示：

$$C = K \cdot e^{\frac{-\Delta p}{n}} + M \qquad (5-4)$$

式中，C 为流出系数，无量纲；Δp 为差压，单位为千帕（kPa）；K、n、M 为无量纲常数。

基于基础模型对实验数据迭代分析，拟合得到公式中各系数值，最终确定数学模型，R – Square（确定系数）值达到 0.990 56。拟合效果如图 5 – 9 所示，计算模型如公式 5 – 5 所示。

$$C = -0.588\,17e^{\frac{-\Delta p}{0.817\,23}} + 0.858\,68 \qquad (5-5)$$

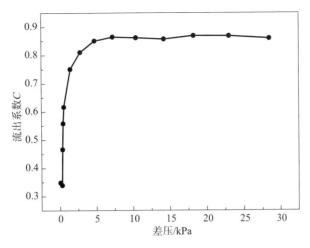

图 5-9　差压与流出系数关系图

$$C = \frac{实际体积流量}{理论体积流量} \tag{5-6}$$

在此利用"相对误差"判定流出系数拟合准确度，则计算模型得到的流出系数值与实际流出系数值的相对误差计算公式如式 5-7 所示。

$$\sigma_i = \frac{x_i - a}{a} \times 100\% \tag{5-7}$$

式中，x_i 为流出系数计算值；a 为流出系数实际值。

将实验数据均带入计算模型中，得到相对误差，误差分布如图 5-10 所示，由图可知实验拟合相对误差均分布在 ±2% 以内。

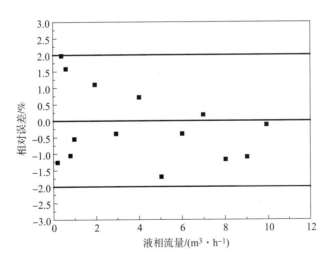

图 5-10　计算值与实际值相对误差分布

将后续两次实验结果带入公式（5-5），得到后两次实验的测量相对误差分布，以验证流出系数测量模型效果，如图 5-11 和图 5-12 所示。

由图 5 - 10 和图 5 - 11 可以发现，经两组实验验证，其最大误差为 2.5% 。结合流出系数的计算模型与体积流量的计算公式，得到单相水体积流量的计算值，对计算体积流量与实际体积流量的相对误差进行分析，观察体积流量计算公式可知，此过程并不会引入误差，因此该相对误差是由流出系数计算模型带入的，其值为流出系数相对误差的数值。如图 5 - 11 和图 5 - 12 所示，单相水体积流量相对误差在 2% 之内。参考差压式流量计 ISO 5167：2003 与 GB/T 2624.2—2006 标准手册中对于标定单相水流出系数的精度要求，新型多孔孔板流量测量装置流出系数计算模型精度可以达到日常生产及生活需求。

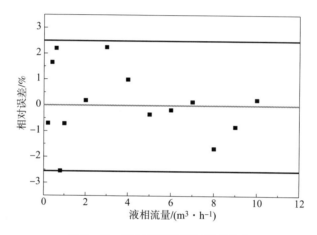

图 5 - 11　第二组实验测量误差分布

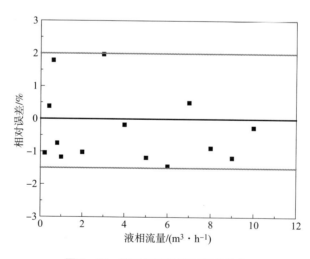

图 5 - 12　第三组实验测量误差分布

由于实验平台流量范围选取的局限性，在本实验中，单相水分布在 0.2 ~ 10 m³/h 以内，由测量数据结果可以看出流量计的最大值应不仅限于此。在此测量范围内，装置显示出了良好的适用性能。

第二节　流量测量模型（方案一）

一、相含率测量模型建立

在气液两相流动测试过程中，为了扩大实验范围，涵盖广泛的相含率，结合前期工作经验与实验系统自身条件选择合适的测试工况点。本次实验共对 60 个工况点进行测试，具体工况点如表 5 - 2 所示。

表 5 - 2　气液两相流测试工况点

工况点	液相流量/ ($m^3 \cdot h^{-1}$)	气相流量/ ($m^3 \cdot h^{-1}$)	工况点	液相流量/ ($m^3 \cdot h^{-1}$)	气相流量/ ($m^3 \cdot h^{-1}$)	工况点	液相流量/ ($m^3 \cdot h^{-1}$)	气相流量/ ($m^3 \cdot h^{-1}$)
1	0.60	0.12	21	3.00	0.12	41	7.00	0.12
2	0.60	0.24	22	3.00	0.24	42	7.00	0.24
3	0.60	0.36	23	3.00	0.36	43	7.00	0.36
4	0.60	0.48	24	3.00	0.48	44	7.00	0.48
5	0.60	0.6	25	3.00	0.6	45	7.00	0.6
6	0.80	0.12	26	4.00	0.12	46	8.00	0.12
7	0.80	0.24	27	4.00	0.24	47	8.00	0.24
8	0.80	0.36	28	4.00	0.36	48	8.00	0.36
9	0.80	0.48	29	4.00	0.48	49	8.00	0.48
10	0.80	0.6	30	4.00	0.6	50	8.00	0.6
11	1.00	0.12	31	5.00	0.12	51	9.00	0.12
12	1.00	0.24	32	5.00	0.24	52	9.00	0.24
13	1.00	0.36	33	5.00	0.36	53	9.00	0.36
14	1.00	0.48	34	5.00	0.48	54	9.00	0.48
15	1.00	0.6	35	5.00	0.6	55	9.00	0.6
16	2.00	0.12	36	6.00	0.12	56	10.00	0.12
17	2.00	0.24	37	6.00	0.24	57	10.00	0.24
18	2.00	0.36	38	6.00	0.36	58	10.00	0.36
19	2.00	0.48	39	6.00	0.48	59	10.00	0.48
20	2.00	0.6	40	6.00	0.6	60	10.00	0.6

确定了上述实验工况点，则开始进行测试。首先将声发射系统的 4 个压电探头对称固定安装在多孔孔板延伸部分的凹槽内。然后将差压变送器按照单相流出系数标定实验中的方式接入本实验装置。参照上述工况点分别调整液相与气相实验点。在记录声发射信号与

差压信号的同时对不同工况点的流态进行拍照录入，为后续分析提供事实根据。实验重复进行三次，得到三组差压信号及流动声信号。

提取实验过程中的数据，依据流动过程中采集的流量值及各分相温度、压力及混合后的温度、压力等参数，得到实际气相体积含率。其计算如式（5-8）所示。

$$\beta_l = \frac{Q_l}{Q_l + \dfrac{(101.3 + p_g) \times Q_g \times (273.2 + T_b)}{(273.2 + T_g) \times (101.3 + p_b)}}, \ \beta_g = 1 - \beta_l \tag{5-8}$$

式中，Q_l 为水相体积流量；Q_g 为气相体积流量；p_g 为气路压力；T_g 为气路温度；p_b 为背景压力；T_b 为背景温度。

对采集的实时数据求平均，求得每个工况点下气相体积含率，将其作为实际气相含率。

信号同一频率段不同的能量分布是由不同工况下气体分布的改变造成的，由此说明一些与气相分布有关的信息包含在此频率段内，在此频率段内信号的能量发生变化就相对地反映出气相条件的改变。根据本书第二章中对小波包分解提取特征能量步骤的介绍，总结本实验中对采集的流动声信号进行特定频带能量提取的步骤如下：首先利用小波包分析将采集到的流动声信号分解为 i 层，进而分别获得 i 层的小波包低频系数及小波包高频系数，最终按照小波包第 i 层的系数求解所有相应频率段的能量并将相应频段的特征值提取出来。

对气液两相流声发射信号进行初步的频谱分析可知随着工况点的改变，频带 $30 \sim 60$ kHz 能量变化明显，如前所述，被分解的声信号频率上限为 250 kHz。为了能够尽可能准确地提取 $30 \sim 60$ kHz 频段的能量特征值，选取 db4 为小波函数，展开 4 层分解，进行到第 4 层分解后生成 $2^4 = 16$ 个节点，各等距离节点的频率宽度是 $\dfrac{250}{2^4}$ kHz，得到 16 个节点后，每节点包含的频段范围如表 5-3 所示。

表 5-3　四层信号节点对应频率段

信号节点	频率段/kHz	信号节点	频率段/kHz
S_{400}	$0 \sim 15.625$	S_{408}	$125 \sim 140.625$
S_{401}	$15.625 \sim 31.25$	S_{409}	$140.625 \sim 156.25$
S_{402}	$31.25 \sim 46.875$	S_{410}	$156.25 \sim 171.875$
S_{403}	$46.875 \sim 62.5$	S_{411}	$171.875 \sim 187.5$
S_{404}	$62.5 \sim 78.125$	S_{412}	$187.5 \sim 203.125$
S_{405}	$78.125 \sim 93.75$	S_{413}	$203.125 \sim 218.75$
S_{406}	$93.75 \sim 109.375$	S_{414}	$218.75 \sim 234.375$
S_{407}	$109.375 \sim 125$	S_{415}	$234.375 \sim 250$

据表 5-3 可知，$30 \sim 60$ kHz 频段均包含在 S_{402} 与 S_{403} 信号节点内，因此提取节点 S_{402} 与 S_{403} 相应频率范围内能量的特征值进行重点分析。采集 4 组声发射信号，经小波包分解

提取（$S_{402}+S_{403}$）内的能量特征值后取平均，同时利用实验已知参数（液相流量、气体流量、气液混合后温度、气液混合后压力、气相压力、气相温度）计算实际气相含率，将实验工况点与计算后实际相含率进行一一对应，作为该工况点下的气相含率真值。如表 5-4 所示为实验工况条件下声发射信号的特定频段的能量特征值与气相含率对应关系。

表 5-4 实验各工况点下声发射信号部分频段能量特征值与气相含率

液相流量/ ($m^3 \cdot h^{-1}$)	气相流量/ ($m^3 \cdot h^{-1}$)	能量特征值 $S_{402}+S_{403}$	气相含率	液相流量/ ($m^3 \cdot h^{-1}$)	气相流量/ ($m^3 \cdot h^{-1}$)	能量特征值 $S_{402}+S_{403}$	气相含率
0.60	0.12	385.82	0.154 6	5.00	0.12	14.51	0.021 9
0.60	0.24	513.91	0.269 8	5.00	0.24	36.60	0.042 8
0.60	0.36	821.88	0.364 0	5.00	0.36	66.59	0.062 0
0.60	0.48	986.87	0.425 1	5.00	0.48	96.26	0.083 3
0.60	0.6	1 312.57	0.481 8	5.00	0.6	151.94	0.099 6
0.80	0.12	166.47	0.124 6	6.00	0.12	8.21	0.018 6
0.80	0.24	388.94	0.221 3	6.00	0.24	12.90	0.036 8
0.80	0.36	530.76	0.293 5	6.00	0.36	33.39	0.055 1
0.80	0.48	852.49	0.356 4	6.00	0.48	42.11	0.070 8
0.80	0.6	1 071.16	0.412 0	6.00	0.6	74.80	0.085 0
1.00	0.12	155.314	0.099 9	7.00	0.12	5.49	0.015 9
1.00	0.24	312.76	0.185 6	7.00	0.24	7.53	0.031 2
1.00	0.36	526.81	0.256 3	7.00	0.36	9.25	0.046 7
1.00	0.48	821.88	0.311 2	7.00	0.48	26.12	0.061 3
1.00	0.6	1 076.69	0.358 7	7.00	0.6	48.60	0.078 0
2.00	0.12	56.91	0.052 3	8.00	0.12	4.49	0.014 0
2.00	0.24	134.19	0.100 3	8.00	0.24	6.45	0.027 2
2.00	0.36	269.52	0.140 2	8.00	0.36	8.21	0.040 9
2.00	0.48	311.52	0.184 9	8.00	0.48	18.38	0.054 7
2.00	0.6	388.94	0.217 5	8.00	0.6	12.90	0.066 2
3.00	0.12	32.10	0.036 0	9.00	0.12	3.44	0.012 5
3.00	0.24	114.67	0.070 0	9.00	0.24	4.74	0.024 8
3.00	0.36	205.78	0.099 4	9.00	0.36	5.53	0.037 4
3.00	0.48	300.50	0.134 6	9.00	0.48	7.53	0.048 1
3.00	0.6	312.76	0.160 0	9.00	0.6	20.91	0.061 6
4.00	0.12	10.97	0.026 8	10.00	0.12	1.83	0.011 5
4.00	0.24	67.93	0.051 6	10.00	0.24	3.03	0.022 8
4.00	0.36	101.80	0.077 2	10.00	0.36	4.74	0.034 1
4.00	0.48	163.23	0.098 7	10.00	0.48	6.45	0.044 4
4.00	0.6	270.43	0.120 8	10.00	0.6	9.25	0.054 6

为了直观地展现实际气相含率与特定频段能量特征值的对应关系，随着表 5 - 2 中工况点的改变，气相含率和特定频段能量特征值的变化趋势呈现在图 5 - 13 中，发现两者的走势具有相似性。由此可以确定，此频段内能量特征值与实际气相含率存在一定的函数对应关系。

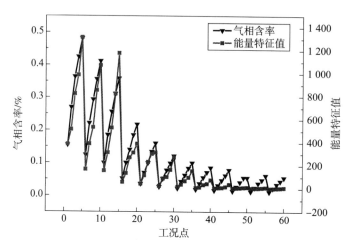

图 5 - 13　能量特征值与实际气相含率变化趋势

由图 5 - 13 可以发现，在气相含率大于 0.1 与气相含率小于 0.1 时，能量特征值随相含率的变化趋势并不一致。根据相含率对应的工况点可知，气相含率大于 0.1 时管内流动为弹状流及过渡流型，小于 0.1 时为泡状流。分析其变化趋势及产生的差异主要是由于泡状流和弹状流两种流动状态内部具有较大差异：弹状流型时内部气体运动较为稳定，极少气弹会产生破碎与合并，而泡状流恰好相反，由于内部聚集大量微小的气泡，因此气泡在运动时极易相互作用造成破碎与合并。因此，各流动形态与声发射信号特定的频段能量特征值两者的函数关系有较大的差异。

在弹状流及过渡流型即气相含率不小于 0.1 时，对实际气相含率与能量特征值进行函数关系拟合，将实验数据带入数据处理拟合软件中，进行模型匹配，得到基础模型，其公式为

$$y = a - b\ln(x + c) \tag{5-9}$$

此模型拟合度达到 0.995 7，模型中各系数为

$$a = -2.87159；b = -0.442\ 14；c = 663.042\ 3 \tag{5-10}$$

将各系数值代入以上模型，得到测量公式：

$$y = 0.442\ 14\ln(x + 663.042\ 3) - 2.871\ 59 \tag{5-11}$$

根据气相含率的计算公式，可得实际液相含率 β_l 计算公式：

$$\beta_l = 1 - \beta_g \tag{5-12}$$

由相含率测量模型得到的拟合液相含率与实际液相含率误差分布如图 5 - 14 所示。

由液相含率误差分布发现，根据弹状流及过渡流型条件下相含率测量模型得到的液相含率拟合最大相对误差绝对值为 4.8%。

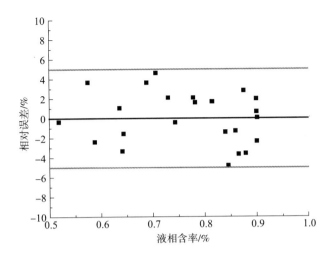

图 5 - 14　弹状流及过渡流型液相含率拟合误差分布

在泡状流型即气相含率小于 0.1 时，对实际气相含率与能量特征值进行拟合，将实验数据带入数据处理拟合软件中，进行模型匹配，得到基础模型，其公式为

$$y = A_1 - A_2 \cdot e^{-kx} \tag{5-13}$$

此模型拟合度达到 0.992 3，模型中各系数为 $A_1 = 0.098\ 9$，$A_2 = 0.083\ 93$，$k = 0.037\ 89$。

将各系数值代入以上模型，得到测量公式：

$$y = 0.098\ 9 - 0.083\ 93 \cdot e^{-0.037\ 89x} \tag{5-14}$$

同理可得泡状流条件下液相含率预测值和实际值之间的误差分布，如图 5 - 15 所示。

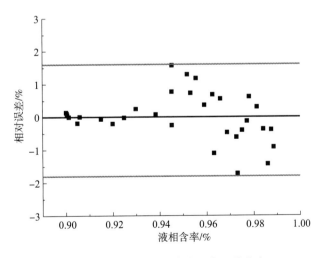

图 5 - 15　泡状流液相含率拟合误差分布

由液相含率误差分布发现，根据泡状流型条件下相含率测量模型得到液相含率拟合最大相对误差绝对值为 1.8%。

将后两组声信号实验数据提取能量特征值并代入相含率预测模型，得到液相含率在不同流型下测量误差的分布情况，如图5－16及图5－17所示。

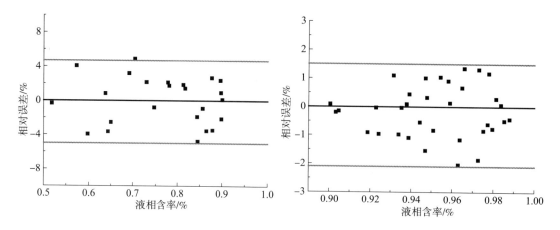

图5－16　第二组实验不同流型液相含率测量误差分布

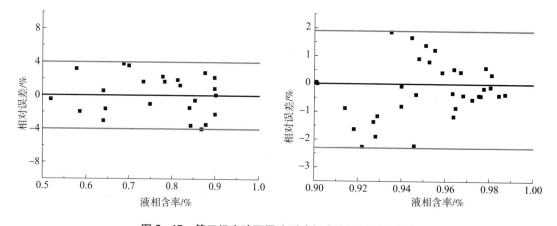

图5－17　第三组实验不同流型液相含率测量误差分布

观察图5－16和图5－17液相含率测量误差分布，弹状流及其过渡流型下第二组第三组实验的液相含率最大测量误差分别为4.7%和4.0%；泡状流条件下第二组第三组实验的液相含率最大测量误差分别为2.0%和2.3%。经后两组实验验证相含率测量模型，其测量误差与拟合误差均在可控范围内，说明相含率测量模型预测效果可观。

二、双参数测量系统设计

多孔孔板流量计最大的特点是在流体经过节流件后可以快速地调整流场至平衡状态，以此降低旋涡的形成概率。多个节流孔排布在多孔流量计的节流件中，至此可以把因节流而被破坏的流场最大限度地调整到节流前的流动形式，如图5－18所示，在此能够最大限度地展现此流量计的独特优势。

多孔板作为多孔流量计的一个关键部件，概括描述为圆形的多孔节流板。将其放置在管内的截面处以达到整流的效果，所有孔的尺寸以及分布均根据特别的数学式和检测数据进行制作，其被称作节流孔[1]。当流体经过排布在节流件上的孔时，其流场通过平衡整流，获得最小化的涡流，管内流体流动趋于理想状态，利用常用测压装置进行取压，能获取平稳的差压信号，参照伯努利方程得到体积流量、质量流量。

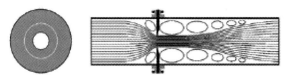

标准节流装置产生大量涡流和动能损失

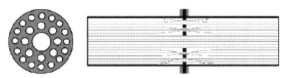

A+K平衡流量计平衡流场，减少涡流和压力损失

图 5 – 18 标准孔板和多孔流量计结构及流场示意

多孔平衡流量计也包含于差压式流量计当中，因此根据连续方程以及伯努利方程可知，多孔平衡流量计的计算公式如式（5 – 15）所示。

$$Q_1 = \frac{C \times \beta^4 \times \varepsilon \times \pi \times D^2}{\sqrt{1 - \beta^4}} \times \sqrt{\frac{2 \times \Delta p}{\rho}} \qquad (5-15)$$

式中，Q_1 为液相体积流量，单位为 m³/h；ε 为膨胀系数，无量纲，当假定管道内流过的均为液体时，$\varepsilon = 0$；C 为流出系数，无量纲；D 为管道口径，单位为 m；Δp 为差压，单位为帕 Pa；ρ 为实际状况下节流件上游密度，单位为 kg/m³；β 为当量直径比，则

$$\beta = \sqrt{\frac{A_0}{A}} = \sqrt{\frac{N \pi d^2}{\pi D^2}} = \frac{d \sqrt{N}}{D} \qquad (5-16)$$

式中，A_0 表示小孔流通面积的总和（m²）；A 表示管道流通面积（m²）；N 表示小孔个数；D 为工况下管道的直径（m）；d 为节流孔的直径（m）。

$$\Delta p = p_1 - p_2 \qquad (5-17)$$

式中，p_1 为节流件前取压口压力，单位为 Pa；p_2 为节流件后取压口压力，单位为 Pa。

本装置由三部分组装而成。前、后两部分均为不锈钢直管段，直管段上取压孔与差压变送器相连接，以采集由于节流而产生的差压信号。为使声发射探头接收流动声信号，多孔孔板需要通过延伸部分来放置声发射探头，因此多孔孔板的直径要大于管内径 D。将多孔孔板夹在前后直管段中间，用螺栓将三部分固定组装，整体尺寸满足以上结构尺寸要求。声发射定量检测装置结构如图 5 – 19 所示。

节流件多孔孔板结构如图 5 – 6 所示。

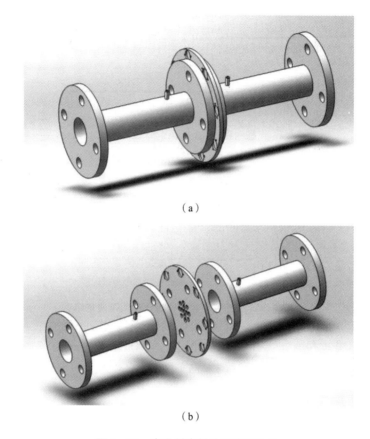

（a）

（b）

图 5 - 19　声发射定量检测装置结构

　　本装置以多孔平衡流量计为基础进行优化设计，通过基于多孔孔板的差压测量与基于声发射技术的流动噪声测量相结合的组合测量方式，解决了利用声发射测量两相流时的噪声干扰问题。上述设置可以消除或减弱管道自身的振动噪声、水泵空气压缩机等动力源的固有噪声，也对来自其他部位的噪声源影响起到削减甚至消除的效果。同时，本装置通过合理的结构设计，充分发挥了多孔孔板与声发射技术在各自测量方式上的优势，使两种测量手段在结合方式上更加合理有效，实现了基于声发射技术的两相流定量测量。

　　利用此装置实现的效果：当两相流流体流经本测量管道时，流体撞击孔板产生的声信号被声发射探头所接收，利用压电效应将其转换为电信号，运用非线性数据处理方法得到信号特征参数，发现其与气相体积含率有定量关系。多孔平衡流量计的取压孔与差压变送器相连，得到流体流经时的差压信号，基于连续方程与伯努利方程以及得到的气相体积含率测量模型相结合建立两相流流量的测量模型。由总流量与气相体积含率可得到各分相流量，从而实现了两相流参数的在线检测。由于声发射探头布置位置位于多孔孔板上，能够有效地减少噪声的干扰，所以采集的流动声信号具有良好的可信度，这样的测量形式更加合理有效。声发射定量检测装置实物如图 5 - 20 所示。

图 5 – 20　声发射定量检测装置实物

三、气液两相流测量过程参数

在气液两相流测量领域，先前研究者已建立了不少以静压力降计算公式为基础的气液两相流流量测量经验模型，其中适合用在孔板流量计中的测量模型主要有均相流模型、Murdock 模型、林宗虎模型、Bizon 模型以及 Chisholm 等。在低干度条件时，林宗虎模型误差值较大，而 Chisholm 模型误差对于实验压力比较敏感。但将多孔平衡流量计应用在气液两相流领域并得到测量模型的研究还尚未有实质性的进展，鉴于对孔板流量计进行优化才有了多孔孔板流量计的问世，并且由本书设计得到的新型多孔孔板流量测量装置，其节流方式、测量原理及取压方式均保持与标准孔板流量计的一致性，因此分析这些经验模型对本装置的适用性。

对气液两相流进行分析时，为了描绘流体流动的状态，应涉及一些过程参量，目前在已有气液两相流测量模型中大都涉及以下三个关键参数：

1. Lockhart – Martinelli 参数

Lockhart – Martinelli 参数（L – M 参数）是表征相含率的参数，并且自能量耗散的方面构建表观参数与实际流动的对应关系。L – M 参数用 X 表示，其表达式为

$$X_{LM-g} = \sqrt{\frac{\rho_1 u_{sl} D^2}{\rho_g U_{sg} D^2}} = \frac{W_1}{W_g}\sqrt{\frac{\rho_g}{\rho_1}} = \frac{1-\beta_g}{\beta_g}\sqrt{\frac{\rho_1}{\rho_g}} \qquad (5-18)$$

$$X_{LM-1} = \sqrt{\frac{\rho_g u_{sg} D^2}{\rho_1 U_{sl} D^2}} = \frac{W_g}{W_1}\sqrt{\frac{\rho_1}{\rho_g}} = \frac{\beta_g}{1-\beta_g}\sqrt{\frac{\rho_g}{\rho_1}} \qquad (5-19)$$

式中，X_{LM-g} 和 X_{LM-1} 在气液两相流中分别表示气相的含量多时气相中液相含率的变化，液相的含量多时液相中气相含率的变化。由公式可以看出，L－M 参数的本质是以气相体积含率或质量含率为基础，利用气液密度之比进行修正，将压力带来的影响给予体现。

2. 弗劳德数（Froude 数）

Froude 作为一个无量纲参数，其在流体动力学中表征流体重力与惯性作用的相对大小，而在气液两相流中，分为气相弗劳德数及液相弗劳德数。气相夹带液相的能力用气相弗劳德数表示，液相对气相的携带能力则用液相弗劳德数来表示，反映为数学式则是气体表观惯性作用与液体重力的开方比：

$$Fr_g = \frac{u_{sg}}{\sqrt{gD}}\sqrt{\frac{\rho_g}{\rho_1-\rho_g}} = \frac{4W_g}{\rho_g \pi D^2}\frac{1}{\sqrt{gD}}\sqrt{\frac{\rho_g}{\rho_1\rho_g}} \qquad (5-20)$$

$$Fr_1 = \frac{u_{sl}}{\sqrt{gD}}\sqrt{\frac{\rho_g}{\rho_1\rho_g}} = \frac{4W_1}{\rho_1 \pi D^2}\frac{1}{\sqrt{gD}}\sqrt{\frac{\rho_g}{\rho_1-\rho_g}} \qquad (5-21)$$

式中，g 表示重力加速度；D 表示差压流量计管直径；ρ_g 表示实验测量管段气体工况密度；ρ_1 为实验管段液体工况密度。

3. 虚高

管内的液相在气相的流通下受到阻塞作用，使气相流动速度增加，气相与液相的差压值也不断地增大，由差压式流量计产生的差压值因为气体的存在，而大于单独流过的等量的液体，此现象被称为虚高，在此引入虚高系数 Φ_1：

$$\Phi_1 = \frac{W_{tp}}{W_1^m} = \sqrt{\frac{\Delta p_{tp}}{\Delta p_1^m}} \qquad (5-22)$$

式中，W_{tp} 表示液相虚高质量流量；W_1^m 表示液相质量流量；Δp_{tp} 表示由于气液两相混合物流过节流件而产生的差压；Δp_1^m 表示只有液相通过节流件时的差压。

四、气液两相流测量经验模型

在气液两相流测量领域，以往的学者建立了许多气液两相流经验模型，其中适用于孔板流量计的测量模型主要有均相流模型、林宗虎模型、比松模型与 Chisholm 等。本书将采用上文提到的新型多孔孔板流量测量装置，分析这些经验模型对本装置的适用性。

已知差压式流量计质量流量测量数学式：

$$W_1 = \frac{\varepsilon \cdot C}{\sqrt{1 - \beta^4}} \cdot \frac{\pi}{4} \beta^2 D^2 \cdot \sqrt{2\rho_1 \Delta p_1} \qquad (5-23)$$

实验条件已知的条件下，只要得到因节流装置而产生的前后压力之差，便可求得单相液质量流量。当混合流体流经节流件时，需要依据流动介质的差异，对流体质量流量的公式（5-23）展开一定程度的修正。当测量气液两相流时，主要是以式（5-23）为总的理论前提的。结合两相流测量思路，得出适用于气液两相流测量的预测模型[2]。接下来对以上提及的几种两相流量测量经验模型做简单介绍：

1. 均相流模型

假设气液两相流混合后充分均匀，可以看作单相流体来研究。计算其模型的虚高表示为

$$\Phi_1 = \sqrt{\frac{\Delta p_{\mathrm{tp}}}{\Delta p_1^n}} = \frac{1}{x} \sqrt{\rho_g/\rho_1 + (1 - \rho_g/\rho_1)x} \qquad (5-24)$$

式中，x 为气相质量含率。

根据其虚高计算式，推导两相质量流量公式如下：

$$W_m = \frac{\varepsilon C \pi \beta^2 D^2 \sqrt{2\rho_g \Delta p_{\mathrm{tp}}}}{4 \sqrt{1 - \beta^4} \sqrt{\dfrac{\rho_g}{\rho_1} + x\left(1 - \dfrac{\rho_g}{\rho_1}\right)}} \qquad (5-25)$$

2. 分相流动模型

假设气液两相流处于完全分离的流动状态，在流动过程中不发生形变和膨胀，则分相流动虚高模型的计算公式如下：

$$\Phi_1 = 1 + X_{\mathrm{LM}} \qquad (5-26)$$

经整理推导，给出此模型的两相流量计算公式：

$$W_m = \frac{\varepsilon C \pi \beta^2 D^2 \sqrt{2\rho_g \Delta p_{\mathrm{tp}}}}{4 \sqrt{1 - \beta^4}\left[x + (1 - x)\sqrt{\dfrac{\rho_g}{\rho_1}}\right]} \qquad (5-27)$$

由于分相流模型与真实复杂多变的两相流动状态存在较大差异，因此分相流模型仅被当作理想条件下的模型。然而，分相流模型为推动后续分析方法的发展提供了理论基础。以此为基础，后续出现了许多可以实际应用的半经验模型。

3. Murdock 模型

Murdock 模型由大量的孔板实验数据推导而得到。该模型的形式为

$$\Phi_1 = 1 + 1.26 X_{\mathrm{LM}} \qquad (5-28)$$

此模型只是通过 L-M 参数和虚高相关联，却忽略了其他影响虚高的因素，如实验压力及流动状态。依照 Murdock J. W. 的研究成果，通过分析整理得到以分相流动模型为基础的两相流测量公式：

$$W_m = \frac{\varepsilon C \pi \beta^2 D^2 \sqrt{2\rho_g \Delta p_{\mathrm{tp}}}}{4\sqrt{1 - \beta^4}\left[x + 1.26(1 - x)\sqrt{\dfrac{\rho_g}{\rho_1}}\right]} \qquad (5-29)$$

4. 比松（Bizon）模型

Bizon 同样采用 Murdock 的方法对数据展开整理分析，其模型形式为

$$\Phi_1 = a + bX_{\text{LM}} \qquad (5-30)$$

以 Bizon 模型为基础得到两相流量计算式为

$$W_{\text{m}} = \frac{\varepsilon C \pi \beta^2 D^2 \sqrt{2\rho_{\text{g}} \Delta p_{\text{tp}}}}{4 \sqrt{1-\beta^4} \left[ax + b(1-x)\sqrt{\dfrac{\rho_{\text{g}}}{\rho_{\text{l}}}} \right]} \qquad (5-31)$$

式中，参数 a 和 b 通过实验确定，与等效直径有关。取值结果如表 5-5 所示。

表 5-5 Bizon 模型参数

等效直径比	0.45		0.58		0.7	
参数	a	b	a	b	a	b
数值	1.037 2	1.078 9	1.042 6	1.077 9	1.081 8	0.999 9

5. 林宗虎（Lin）模型

林在气液密度比不同的实验工况下进行研究。他认为 Murdock 模型中的常数 1.26 应该是随 $\rho_{\text{g}}/\rho_{\text{l}}$ 值而变的，是滑移比 S 和 $\rho_{\text{g}}/\rho_{\text{l}}$ 的函数，并在 $\rho_{\text{g}}/\rho_{\text{l}} \geqslant 0.328$ 时，该常数趋向于 1。林宗虎模型用 L-M 参数表示，即

$$\Phi_1 = 1 + \theta_{\text{v}} \cdot X_{\text{LM}} \qquad (5-32)$$

式中，θ_{v} 为模型修正系数。将孔板的实验数据拟和可得 θ_{v} 计算式：

$$\begin{aligned} \theta_{\text{v}} = 1.486\ 25 - 9.265\ 41(\rho_{\text{g}}/\rho_{\text{l}}) + 44.695\ 4(\rho_{\text{g}}/\rho_{\text{l}})^2 - \\ 60.615\ 0(\rho_{\text{g}}/\rho_{\text{l}})^3 - 5.129\ 66(\rho_{\text{g}}/\rho_{\text{l}})^4 - 26.574\ 3(\rho_{\text{g}}/\rho_{\text{l}})^5 \end{aligned} \qquad (5-33)$$

利用此模型推导两相流量测量公式为

$$W_{\text{m}} = \frac{\varepsilon C \pi \beta^2 D^2 \sqrt{2\rho_{\text{g}} \Delta p_{\text{tp}}}}{4 \sqrt{1-\beta^4} \left[x + \theta_{\text{v}}(1-x)\sqrt{\dfrac{\rho_{\text{g}}}{\rho_{\text{l}}}} \right]} \qquad (5-34)$$

由以上公式可以看出，经验模型中针对气液两相流流量测量模型的研究，其本质上就是对虚高进行修正，在求解虚高的过程中需要引入 X_{LM}、弗劳德数及含率等中间过程变量。然而，只有在单相质量流量明确的条件下才可以计算获得这些过程参数，而具体到实际中，气液两相流流动状态下无法直接得到单相质量流量，这样就会使求解过程无法进行。

五、气液两相流测量结果分析

本书将由流动声信号得到的相含率测量模型与差压信号结合进行双参数测量，通过体积含率可以得到 X_{LM}、质量含率等参数，将这些参数带入经验模型，求得各个模型下的两相质量流量，并将其与实际质量流量进行对比。这里引入平均误差、最大误差及均方根误差做更详细准确的分析对比以衡量各经验模型对本装置的适用性，三种误差的定义式见式（5-35）~式（5-37）：

平均误差计算式:

$$\overline{E} = \frac{1}{n} \sum_{i=1}^{n} | E_{pi} |　\qquad (5-35)$$

最大误差计算式:

$$E_{\max} = | E_{pi} |_{\max}　\qquad (5-36)$$

均方根误差计算式:

$$\delta = \sqrt{\frac{1}{n} \sum_{i=1}^{n} \left(\frac{W_i - W_{tp}}{W_{tp}} \right)^2}　\qquad (5-37)$$

式中, W_i 表示经验模型预测两相质量流量值; W_{tp} 表示两相质量流量实验值。

各经验模型分布的相对误差如图 5-21 所示。

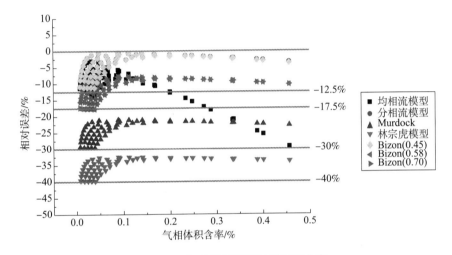

图 5-21　经验模型预测结果误差分布

依据以上三类误差的数学计算式, 得到各经验模型预测的平均误差、最大误差、均方根误差。对三种误差展开分析, 更为详尽地反映几种经验模型预测效果, 如表 5-6 所示。

表 5-6　经验模型预测两相流量误差对比

经验模型	均相流	分相流	Murdock	林宗虎	Bizon (0.45)	Bizon (0.58)	Bizon (0.70)
平均误差	10.47%	5.34%	23.98%	34.99%	4.38%	11.32%	11.24%
最大误差	29.21%	12.24%	29.53%	39.75%	11.25%	17.73%	17.65%
均方根误差	11.83%	5.45%	24.13%	35.06%	5.46%	11.72%	11.65%

由表 5-6 可知, Bizon (0.45) 模型经比较后平均误差最小, 表示 Bizon 模型预测两相质量流量的误差值总体上相对较低; 按均方根误差值自小到大排列, Bizon (0.45) 模型排列第 2 位, 表示误差值整体波动范围较小, 预测较为平稳。Bizon (0.45) 模型的最大误差值最小, 表示用 Bizon (0.45) 模型计算此装置的两相质量流量精确度较高, 预测得出的相对误差值最小。由此可知 Bizon (0.45) 实验模型对本实验工况下的两相流量有

较好的预测能力，相对误差最大为 11.25%。此外 Bizon（0.45）模型适用范围为等效直径比 0.45，质量含气率为 0.05~0.50，也与本实验工况较为相似。

通过观察图 5-22 得知，在本实验工况条件下，气相体积含率大于 0.1，即管内为弹状流及过渡流型时，利用 Bizon（0.45）模型计算得到两相质量流量误差最大不超过 3%；但当气相含率小于 0.1 即管内为泡状流时，经模型计算得到误差则分布在 3%~11% 以内，误差较大，发现此经验模型只适用于气相体积含率大于 0.1 即管内为弹状流及过渡流动状态的工况。

分析缘由，造成差异的两种因素：一种是沿程磨阻压降；另一种是内部流动压降。由于泡状流与弹状流的内部流动具有较大差异，说明泡状流组合形式与弹状流的具有一定的差异，因此泡状流并不适用于本模型。在此流型下对 Bizon（0.45）模型进行系数修正。选取气相含率小于 0.1 时对应的两相质量流量实际值及计算值，观察两者的对应关系如图 5-22 所示。

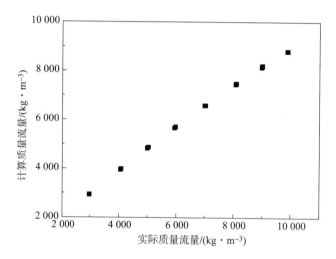

图 5-22　气相含率小于 0.1 时两相质量流量对应关系

从图 5-23 中可以发现，两相质量流量实际值与计算值之间有对应的函数关系，将数据导入数据处理拟合软件中，进行模型匹配，得到两者的函数关系基础模型，模型表示如下：

$$y = z \cdot x^{h} \qquad (5-38)$$

当匹配度最高为 0.999 23 时，公式中各个系数为 $z = 2.282\,64$，$h = 0.898\,68$。代入系数得到函数关系式为

$$y = 2.282\,64x^{0.898\,68} \qquad (5-39)$$

式中，自变量 x 表示实际质量流量（kg/h）；因变量 y 表示计算质量流量（kg/h）。

结合公式（5-38）和式（5-39）可求得修正后的泡状流计算质量流量公式，计算式为

$$W_{\mathrm{m}} = \left\{ \frac{\varepsilon C \pi \beta^2 D^2 \sqrt{2\rho_{\mathrm{g}} \Delta p_{\mathrm{tp}}}}{9.130\,56\sqrt{1-\beta^4}\left[1.037\,2x+1.078\,9(1-x)\sqrt{\dfrac{\rho_{\mathrm{g}}}{\rho_{\mathrm{l}}}}\right]} \right\}^{\frac{1}{0.898\,68}} \qquad (5-40)$$

利用此模型得到泡状流计算质量流量误差分布如图 5 - 23 所示。

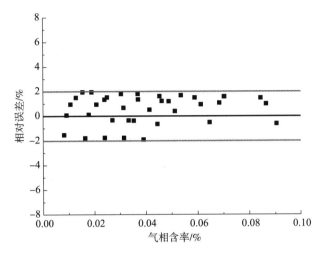

图 5 - 23　泡状流两相质量流量误差分布

由误差分布可以发现，根据修正模型计算公式获得两相质量流量的相对误差分布在 2.0% 以内。因此在泡状流工况下此修正模型预测效果较 Bizon（0.45）经验模型有明显的改善。

将第二组和第三组的实验数据带入两相流量测量模型，用来验证测量模型的准确程度。根据实验过程中记录的流型，将弹状流条件下的实验数据带入 Bizon（0.45）修正模型，将泡状流及过渡流型工况下的实验数据带入 Bizon（0.45）经验模型，不同流型下的误差分布如图 5 - 24 ~ 图 5 - 27 所示。

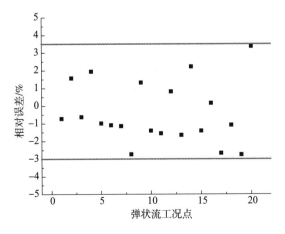

图 5 - 24　第二组实验弹状流及过渡流型流量误差分布

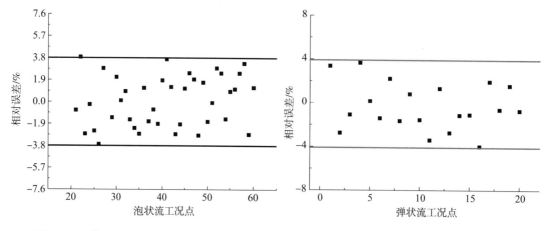

图 5 – 25　第二组实验泡状流流量误差分布　　　图 5 – 26　第三组实验弹状流及过渡
流型流量误差分布

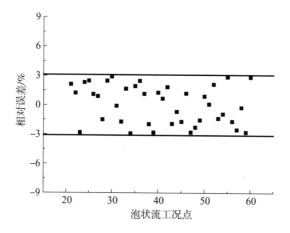

图 5 – 27　第三组实验泡状流流量误差分布

　　由误差分布图发现，第二组实验数据带入流量测量模型得到弹状流及过渡流型条件下两相质量流量误差在 3.5% 以内，泡状流条件下误差分布在 3.8% 以内；第三组实验数据带入模型其结果则是弹状流及过渡流型条件下两相质量流量误差在 3.9% 以内，泡状流条件下误差分布在 2.9% 以内。流量测量模型经两组实验数据验证其误差均在预期的范围之内[2]。

第三节　流量测量模型（方案二）

一、体积含气率的测量

　　为得到不同流型下的体积含气率，结合实验系统，选取 45 个工况点进行实验。具体工况点如表 5 – 7 所示。

表5-7 气液两相流测试工况点

工况点	液相流量/ ($m^3 \cdot h^{-1}$)	气相流量/ ($m^3 \cdot h^{-1}$)	工况点	液相流量/ ($m^3 \cdot h^{-1}$)	气相流量/ ($m^3 \cdot h^{-1}$)	工况点	液相流量/ ($m^3 \cdot h^{-1}$)	气相流量/ ($m^3 \cdot h^{-1}$)
1	0.60	0.30	16	0.60	1.80	31	2.00	1.80
2	0.60	0.60	17	0.60	2.10	32	2.00	2.10
3	0.60	0.90	18	0.60	2.40	33	2.00	2.40
4	0.60	1.20	19	0.60	2.70	34	2.00	2.70
5	0.60	1.50	20	0.60	3.00	35	2.00	3.00
6	0.80	0.30	21	0.80	1.80	36	4.00	1.80
7	0.80	0.60	22	0.80	2.10	37	4.00	2.10
8	0.80	0.90	23	0.80	2.40	38	4.00	2.40
9	0.80	1.20	24	0.80	2.70	39	4.00	2.70
10	0.80	1.50	25	0.80	3.00	40	4.00	3.00
11	1.00	0.30	26	1.00	1.80	41	6.00	1.80
12	1.00	0.60	27	1.00	2.10	42	6.00	2.10
13	1.00	0.90	28	1.00	2.40	43	6.00	2.40
14	1.00	1.20	29	1.00	2.70	44	6.00	2.70
15	1.00	1.50	30	1.00	3.00	45	6.00	3.00

由本书所得实验数据，分别提取出流动过程中采集到的液相体积流量、气相体积流量、背景压力、背景温度、气路温度与气路压力等参数，得到实验过程中各工况点的气相体积含率。其计算如式（5-41）所示：

$$\beta = \dfrac{\dfrac{(1013 + p_g) \times Q_g \times (273.2 + T_b)}{(273.2 + T_g) \times (1013 + p_b)}}{Q_l + \dfrac{(1\,013 + p_g) \times Q_g \times (273.2 + T_b)}{(273.2 + T_g) \times (101.3 + p_b)}} \qquad (5-41)$$

式中，p_g为气路压力；T_g为气路温度；Q_l为液相体积流量；Q_g为气相体积流量；p_b为背景压力；T_b为背景温度。

通过式5-41，得出每一个工况点条件下的体积含气率，作为实际的体积含气率，将得到的体积含气率列于表5-8。

表5-8 不同工况点条件下的体积含气率

液相流量/ ($m^3 \cdot h^{-1}$)	气相流量/ ($m^3 \cdot h^{-1}$)	体积含气率/ %	液相流量/ ($m^3 \cdot h^{-1}$)	气相流量/ ($m^3 \cdot h^{-1}$)	体积含气率/ %
0.60	0.30	0.410 3	0.80	2.70	0.828 7
0.60	0.60	0.581 9	0.80	3.00	0.839 2
0.60	0.90	0.676 2	1.00	1.80	0.714 7

续表

液相流量/ ($m^3 \cdot h^{-1}$)	气相流量/ ($m^3 \cdot h^{-1}$)	体积含气率/ %	液相流量/ ($m^3 \cdot h^{-1}$)	气相流量/ ($m^3 \cdot h^{-1}$)	体积含气率/ %
0.60	1.20	0.731 5	1.00	2.10	0.746 2
0.60	1.50	0.791 6	1.00	2.40	0.769 1
0.80	0.30	0.343 0	1.00	2.70	0.795 0
0.80	0.60	0.458 5	1.00	3.00	0.806 8
0.80	0.90	0.564 5	4.00	1.80	0.385 1
0.80	1.20	0.652 8	4.00	2.10	0.439 9
0.80	1.50	0.732 3	4.00	2.40	0.461 4
1.00	0.30	0.294 6	4.00	2.70	0.490 6
1.00	0.60	0.405 9	4.00	3.00	0.510 8
1.00	0.90	0.494 5	6.00	1.80	0.294 6
1.00	1.20	0.582 1	6.00	2.10	0.339 7
1.00	1.50	0.676 1	6.00	2.40	0.374 4
0.60	1.80	0.806 8	6.00	2.70	0.392 1
0.60	2.10	0.838 1	6.00	3.00	0.410 3
0.60	2.40	0.850 6	8.00	1.80	0.238 5
0.60	2.70	0.862 3	8.00	2.10	0.269 6
0.60	3.00	0.874 3	8.00	2.40	0.293 4
0.80	1.80	0.758 0	8.00	2.70	0.328 6
0.80	2.10	0.781 3	8.00	3.00	0.343 0
0.80	2.40	0.807 9			

对表5-8中数据进行分析，不同工况点条件下的体积含气率的变化如图5-28所示。

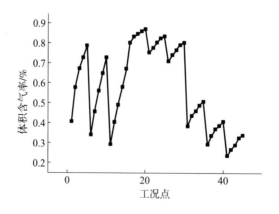

图5-28　不同工况点条件下的体积含气率

二、时域信号特征参数提取

时域信号可以反映流型的变化趋势，也能够反映水平管原始声发射信号的特征，不同流型条件下的时域信号差别显著。同时，不同的时域信号分别对应不同的时域特征参数，本节将对均方根、峰值、峭度、均值、绝对平均值、偏斜度和方差这 7 个时域特征参数进行分析。

1. 均方根特征参数提取

如式（5-42）所示，均方根是针对普遍振动信号描述的常用参数，又被称作有效值，具体表达形式为该振动信号的二阶矩统计平均值，该参数可以表示水平管气液两相流信号的离散程度，也适合于描述水平管气液两相流的激烈程度。

均方根表征样本的离散程度：

$$X_{\mathrm{rms}} = \sqrt{\frac{1}{N}\sum_{i=1}^{N} X_i^2} \tag{5-42}$$

提取实验室得出的不同工况点条件下的信号值，分别计算分层流、波状流、泡状流的均方根值，如表 5-9 所示。

表 5-9　分层流、波状流、泡状流的均方根值

分层流实测工况点	分层流均方根 X_{rms}	波状流实测工况点	波状流均方根 X_{rms}	泡状流实测工况点	泡状流均方根 X_{rms}
工况点 1（L0.6G0.3）	6.6	工况点 16（L0.6G1.8）	15.6	工况点 31（L4.0G1.8）	68.5
工况点 2（L0.6G0.6）	6.6	工况点 17（L0.6G2.1）	17.6	工况点 32（L4.0G2.1）	71.1
工况点 3（L0.6G0.9）	7.7	工况点 18（L0.6G2.4）	17.7	工况点 33（L4.0G2.4）	75.6
工况点 4（L0.6G1.2）	7.5	工况点 19（L0.6G2.7）	27.5	工况点 34（L4.0G2.7）	69.2
工况点 5（L0.6G1.5）	7.6	工况点 20（L0.6G3.0）	17.6	工况点 35（L4.0G3.0）	70.6
工况点 6（L0.8G0.3）	5.5	工况点 21（L0.8G1.8）	15.5	工况点 36（L6.0G1.8）	72.6
工况点 7（L0.8G0.6）	6.6	工况点 22（L0.8G2.1）	26.6	工况点 37（L6.0G2.1）	73.5
工况点 8（L0.8G0.9）	7.0	工况点 23（L0.8G2.4）	27.0	工况点 38（L6.0G2.4）	75.1
工况点 9（L0.8G1.2）	6.9	工况点 24（L0.8G2.7）	26.9	工况点 39（L6.0G2.7）	74.2
工况点 10（L0.8G1.5）	7.7	工况点 25（L0.8G3.0）	17.7	工况点 40（L6.0G3.0）	76.4
工况点 11（L1.0G0.3）	6.2	工况点 26（L1.0G1.8）	26.2	工况点 41（L8.0G1.8）	72.9

分层流实测工况点	分层流均方根 X_{rms}	波状流实测工况点	波状流均方根 X_{rms}	泡状流实测工况点	泡状流均方根 X_{rms}
工况点 12（L1.0G0.6）	7.0	工况点 27（L1.0G2.1）	27.0	工况点 42（L8.0G2.1）	71.4
工况点 13（L1.0G0.9）	7.3	工况点 28（L1.0G2.4）	37.3	工况点 43（L8.0G2.4）	69.9
工况点 14（L1.0G1.2）	8.0	工况点 29（L1.0G2.7）	18.0	工况点 44（L8.0G2.7）	74.8
工况点 15（L1.0G1.5）	8.1	工况点 30（L1.0G3.0）	28.1	工况点 45（L8.0G3.0）	78.6

分别作出不同流型条件下均方根值与不同体积含气率的关系图，如图 5 – 29 ~ 图 5 – 31 所示。

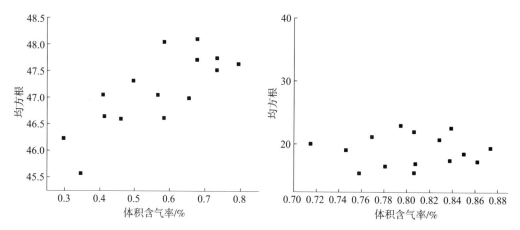

图 5 – 29　分层流均方根与体积含气率的关系　　图 5 – 30　波状流均方根与体积含气率的关系

将三种流型条件下的均方根与体积含气率的关系进行对比分析，如图 5 – 32 所示。

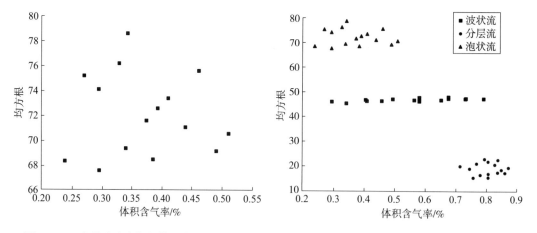

图 5 – 31　泡状流均方根与体积含气率的关系　　图 5 – 32　不同体积含气率条件下的均方根值

如图 5 – 32 所示，流动噪声信号均方根值（RMS）在不同流型条件下差异明显。分层流流动噪声信号 RMS 在 6.6 ~ 8.1 以内。波状流流动噪声信号 RMS 在 15.6 ~ 28.1 以内。泡状流流动噪声信号 RMS 在 68.5 ~ 78.6 以内。反映了泡状流在管内运动相比于分层流与波状流更为剧烈。声发射系统检测到水平管内信号的均方根值能很好地辨识流型。

2. 峰值参数提取

如式（5 – 43）所示，峰值是针对普遍振动信号描述的常用参数，是指在某个时间段内幅值的最大值，由于它是一个时不稳参数，不同的时刻变动很大，也可以用来描述水平管气液两相流的激烈程度。

峰值是在一定的时间范围内变量的最大值，表达式为

$$V_c = \max(x_i) \tag{5 – 43}$$

提取实验室得出的不同工况点条件下的信号值，分别提取分层流、波状流、泡状流的峰值，如表 5 – 10 所示。

表 5 – 10　分层流、波状流、泡状流的峰值

分层流实测工况点	分层流峰值 V_c	波状流实测工况点	波状流峰值 V_c	泡状流实测工况点	泡状流峰值 V_c
工况点 1 (L0.6G0.3)	65	工况点 16 (L0.6G1.8)	85	工况点 31 (L4.0G1.8)	75
工况点 2 (L0.6G0.6)	71	工况点 17 (L0.6G2.1)	79	工况点 32 (L4.0G2.1)	81
工况点 3 (L0.6G0.9)	66	工况点 18 (L0.6G2.4)	69	工况点 33 (L4.0G2.4)	86
工况点 4 (L0.6G1.2)	71	工况点 19 (L0.6G2.7)	80	工况点 34 (L4.0G2.7)	91
工况点 5 (L0.6G1.5)	65	工况点 20 (L0.6G3.0)	78	工况点 35 (L4.0G3.0)	85
工况点 6 (L0.8G0.3)	69	工况点 21 (L0.8G1.8)	85	工况点 36 (L6.0G1.8)	79
工况点 7 (L0.8G0.6)	67	工况点 22 (L0.8G2.1)	77	工况点 37 (L6.0G2.1)	97
工况点 8 (L0.8G0.9)	66	工况点 23 (L0.8G2.4)	76	工况点 38 (L6.0G2.4)	86
工况点 9 (L0.8G1.2)	72	工况点 24 (L0.8G2.7)	72	工况点 39 (L6.0G2.7)	82
工况点 10 (L0.8G1.5)	65	工况点 25 (L0.8G3.0)	69	工况点 40 (L6.0G3.0)	85
工况点 11 (L1.0G0.3)	63	工况点 26 (L1.0G1.8)	73	工况点 41 (L8.0G1.8)	83
工况点 12 (L1.0G0.6)	61	工况点 27 (L1.0G2.1)	71	工况点 42 (L8.0G2.1)	81

续表

分层流实测 工况点	分层流峰值 V_c	波状流实测 工况点	波状流峰值 V_c	泡状流实测 工况点	泡状流峰值 V_c
工况点 13 (L1.0G0.9)	66	工况点 28 (L1.0G2.4)	76	工况点 43 (L8.0G2.4)	86
工况点 14 (L1.0G1.2)	65	工况点 29 (L1.0G2.7)	75	工况点 44 (L8.0G2.7)	85
工况点 15 (L1.0G1.5)	66	工况点 30 (L1.0G3.0)	76	工况点 45 (L8.0G3.0)	86

分别作出不同流型条件下，峰值与不同体积含气率的关系图，如图 5 - 33 ~ 图 5 - 35 所示。

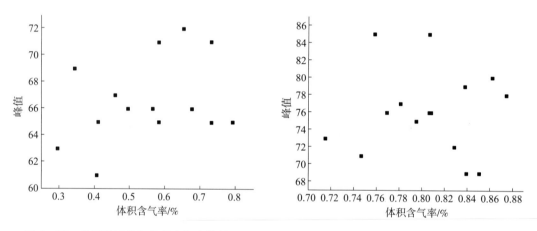

图 5 - 33　分层流峰值与体积含气率的关系　　图 5 - 34　波状流峰值与体积含气率的关系

将三种流型条件下的峰值与体积含气率的关系进行对比分析，如图 5 - 36 所示。

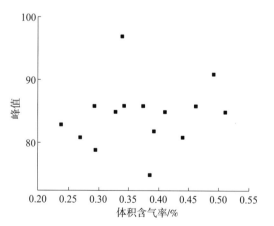
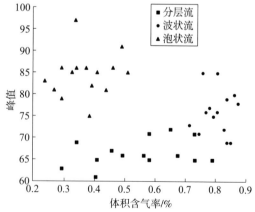

图 5 - 35　泡状流峰值与体积含气率的关系　　图 5 - 36　不同体积含气率条件下的峰值

如图 5 – 36 所示，流动噪声信号峰值在不同流型条件下差异明显。分层流流动噪声信号，峰值在 63 ~ 72 以内。波状流流动噪声信号，峰值在 69 ~ 85 以内。泡状流流动噪声信号，峰值在 75 ~ 97 以内，反映了泡状流在管内运动相比于分层流与波状流更为剧烈。所以声发射系统检测到水平管内信号的峰值能很好地辨识流型，但是对比均方根值，识别流型效果欠佳。

3. 峭度的提取

如式（4 – 23）所示，峭度是把幅值进行四次方处理，一个声发射信号按四次方关系变化后，高的幅值就被突出来，而低的幅值被抑制，这样就很容易从峭度图中识别高低幅值。峭度也可以表示水平管气液两相流信号的离散程度。

提取实验室得出的不同工况点条件下的信号值，分别计算分层流、波状流、泡状流的峭度，如表 5 – 11 所示。

表 5 – 11　分层流、波状流、泡状流的峭度值

分层流实测工况点	分层流峭度值 K	波状流实测工况点	波状流峭度值 K	泡状流实测工况点	泡状流峭度值 K
工况点 1（L0.6G0.3）	0.86	工况点 16（L0.6G1.8）	1.29	工况点 31（L4.0G1.8）	0.68
工况点 2（L0.6G0.6）	0.95	工况点 17（L0.6G2.1）	1.44	工况点 32（L4.0G2.1）	0.37
工况点 3（L0.6G0.9）	0.75	工况点 18（L0.6G2.4）	1.36	工况点 33（L4.0G2.4）	0.44
工况点 4（L0.6G1.2）	0.84	工况点 19（L0.6G2.7）	1.57	工况点 34（L4.0G2.7）	0.45
工况点 5（L0.6G1.5）	0.98	工况点 20（L0.6G3.0）	1.06	工况点 35（L4.0G3.0）	0.58
工况点 6（L0.8G0.3）	1.05	工况点 21（L0.8G1.8）	1.36	工况点 36（L6.0G1.8）	0.74
工况点 7（L0.8G0.6）	1.07	工况点 22（L0.8G2.1）	1.58	工况点 37（L6.0G2.1）	0.65
工况点 8（L0.8G0.9）	0.96	工况点 23（L0.8G2.4）	1.66	工况点 38（L6.0G2.4）	0.54
工况点 9（L0.8G1.2）	0.79	工况点 24（L0.8G2.7）	1.24	工况点 39（L6.0G2.7）	0.38

分层流实测 工况点	分层流峭 度值 K	波状流实测 工况点	波状流峭 度值 K	泡状流实测 工况点	泡状流峭 度值 K
工况点 10 （L0.8G1.5）	0.69	工况点 25 （L0.8G3.0）	1.38	工况点 40 （L6.0G3.0）	0.39
工况点 11 （L1.0G0.3）	0.70	工况点 26 （L1.0G1.8）	1.28	工况点 41 （L8.0G1.8）	0.29
工况点 12 （L1.0G0.6）	0.88	工况点 27 （L1.0G2.1）	1.14	工况点 42 （L8.0G2.1）	0.31
工况点 13 （L1.0G0.9）	0.64	工况点 28 （L1.0G2.4）	1.65	工况点 43 （L8.0G2.4）	0.58
工况点 14 （L1.0G1.2）	0.73	工况点 29 （L1.0G2.7）	1.46	工况点 44 （L8.0G2.7）	0.45
工况点 15 （L1.0G1.5）	1.15	工况点 30 （L1.0G3.0）	1.37	工况点 45 （L8.0G3.0）	0.66

　　分别作出不同流型条件下峭度与不同体积含气率的关系图，如图 5 - 37 ~ 图 5 - 39 所示。

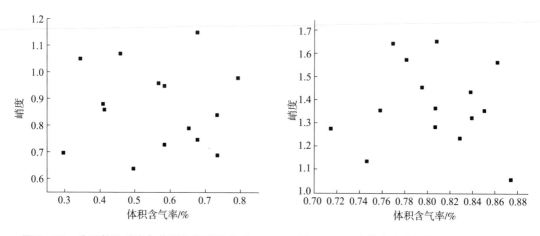

图 5 - 37　分层状流峭度与体积含气率的关系　　图 5 - 38　波状流峭度与体积含气率的关系

　　将三种流型条件下的峭度与体积含气率的关系进行对比分析，如图 5 - 40 所示。

　　如图 5 - 39 所示，流动噪声信号峭度在不同流型条件下差异明显。分层流流动噪声信号峭度在 0.64 ~ 1.15 以内。波状流流动噪声信号峭度在 1.06 ~ 1.66 以内。泡状流流动噪声信号峭度在 0.29 ~ 0.74 以内。这反映了不同流型条件下，峭度不同，声发射系统检测到水平管内信号的峭度值能很好地辨识流型，且随着气体含气率的变化呈现逐步增长的趋势。

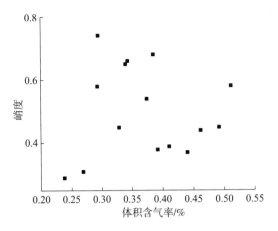

图 5-39 泡状状流峭度与体积含气率的关系

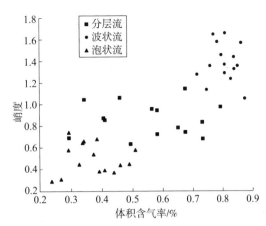

图 5-40 不同体积含气率条件下的峭度值

4. 均值的提取

如式（5-44）所示，均值是针对普遍振动信号描述的常用参数，是指一组数据中所有数据之和再除以这组数据的个数，在这里指所有幅值的均值。均值反映了数据趋势的大小，该参数也可以表示水平管气液两相流信号的离散程度，也适合于描述水平管气液两相流的激烈程度。

均值表征样本幅值的平均数：

$$\bar{x} = \frac{1}{N}\sum_{i=1}^{N} x_i \tag{5-44}$$

提取实验室得出的不同工况点条件下的信号值，分别计算分层流、波状流、泡状流的均值，如表 5-12 所示。

表 5-12 分层流、波状流、泡状流的均值

分层流实测工况点	分层流均值 $\bar{x}$	波状流实测工况点	波状流均值 $\bar{x}$	泡状流实测工况点	泡状流均值 $\bar{x}$
工况点 1（L0.6G0.3）	6.8	工况点 16（L0.6G1.8）	15.4	工况点 31（L4.0G1.8）	64.2
工况点 2（L0.6G0.6）	6.9	工况点 17（L0.6G2.1）	16.6	工况点 32（L4.0G2.1）	70.6
工况点 3（L0.6G0.9）	6.7	工况点 18（L0.6G2.4）	14.7	工况点 33（L4.0G2.4）	75.1
工况点 4（L0.6G1.2）	6.5	工况点 19（L0.6G2.7）	27.6	工况点 34（L4.0G2.7）	69.4
工况点 5（L0.6G1.5）	6.6	工况点 20（L0.6G3.0）	27.4	工况点 35（L4.0G3.0）	58.6

分层流实测工况点	分层流均值 $\bar{x}$	波状流实测工况点	波状流均值 $\bar{x}$	泡状流实测工况点	泡状流均值 $\bar{x}$
工况点 6 (L0.8G0.3)	6.5	工况点 21 (L0.8G1.8)	19.6	工况点 36 (L6.0G1.8)	71.4
工况点 7 (L0.8G0.6)	7.6	工况点 22 (L0.8G2.1)	17.8	工况点 37 (L6.0G2.1)	67.1
工况点 8 (L0.8G0.9)	6.0	工况点 23 (L0.8G2.4)	25.3	工况点 38 (L6.0G2.4)	80.6
工况点 9 (L0.8G1.2)	7.9	工况点 24 (L0.8G2.7)	15.7	工况点 39 (L6.0G2.7)	57.5
工况点 10 (L0.8G1.5)	6.7	工况点 25 (L0.8G3.0)	18.8	工况点 40 (L6.0G3.0)	78.4
工况点 11 (L1.0G0.3)	7.2	工况点 26 (L1.0G1.8)	29.4	工况点 41 (L8.0G1.8)	68.4
工况点 12 (L1.0G0.6)	7.0	工况点 27 (L1.0G2.1)	25.8	工况点 42 (L8.0G2.1)	78.1
工况点 13 (L1.0G0.9)	6.3	工况点 28 (L1.0G2.4)	31.7	工况点 43 (L8.0G2.4)	59.1
工况点 14 (L1.0G1.2)	7.0	工况点 29 (L1.0G2.7)	35.1	工况点 44 (L8.0G2.7)	78.1
工况点 15 (L1.0G1.5)	8.1	工况点 30 (L1.0G3.0)	29.9	工况点 45 (L8.0G3.0)	82.4

分别作出不同流型条件下，均值与不同体积含气率的关系图，如图 5 - 41 ~ 图 5 - 43 所示。

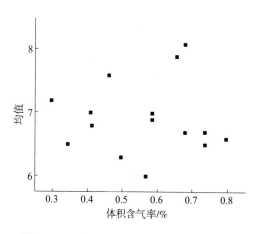

图 5 - 41　分层流均值与体积含气率的关系

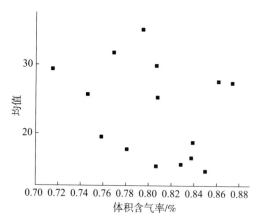

图 5 - 42　波状流均值与体积含气率的关系

将三种流型条件下的均值与体积含气率的关系进行对比分析，对比图如图 5 – 44 所示。

如图 5 – 44 所示，不同流型中，流动噪声信号的均值有着明显的差异。分层流流动噪声信号均值在 6.0 ~ 8.1 以内。波状流流动噪声信号均值在 14.7 ~ 35.1 以内。泡状流流动噪声信号均值在 57.5 ~ 82.4 以内。由于幅值均值的大小不同，同时也反映了泡状流在管内运动相比于分层流与波状流更为剧烈。声发射系统检测在水平管内信号的均值也能很好地辨识流型。

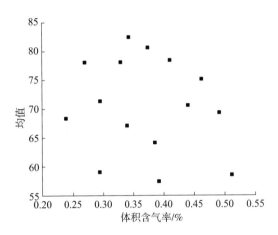

图 5 – 43　泡状流均值与体积含气率的关系　　　　**图 5 – 44　不同体积含气率条件下的均值**

5. 绝对平均值的提取

绝对平均值反应信号的平均变化情况，是反映信号的稳定性分量。如式（5 – 45）所示，绝对平均值的表达式为

$$E_k = \frac{1}{N} \sum_{i=1}^{N} |x_i| \qquad (5 - 45)$$

在本次实验中，幅值均为正数或者 0，所以在本次实验过程中的绝对平均值可以等同于均值，所以对于绝对平均值来说，结论也等同于均值的结论，即流动噪声信号的绝对平均值在不同流型条件下差异明显。由于幅值的绝对平均值的大小不同，反映了泡状流在管内运动相比于分层流与波状流更为剧烈。声发射系统检测到水平管内信号的绝对平均值也能很好地辨识流型。

6. 偏斜度的提取

偏斜度（Skewness，SKEW）又称为歪度，是对统计数据分布偏斜方向及程度的度量。在水平管实验中，不同的幅值数据的频数分布有的是对称的，有的是不对称的，即呈现偏态。要度量分布偏斜的程度，就需要计算偏斜度了。偏斜度反映对纵坐标的不对称性，偏斜度越大，不对称得越厉害。偏斜度公式如式（5 – 46）所示。

$$\text{SKEW} = \frac{\dfrac{\sum\limits_{i=1}^{n} \left(x_i - \bar{x} \right)^3}{n}}{\left[\dfrac{\sum\limits_{i=1}^{n} \left(x_i - \bar{x} \right)^2}{n} \right]^{\frac{3}{2}}} \tag{5-46}$$

提取实验室得出的不同工况点条件下的信号值，分别计算分层流、波状流、泡状流的偏斜度。如表5-13所示。

表5-13　分层流、波状流、泡状流的偏斜度

分层流实测工况点	分层流偏斜度	波状流实测工况点	波状流偏斜度	泡状流实测工况点	泡状流偏斜度
工况点1 （L0.6G0.3）	-1.2	工况点16 （L0.6G1.8）	-0.4	工况点31 （L4.0G1.8）	-2.8
工况点2 （L0.6G0.6）	-2.0	工况点17 （L0.6G2.1）	-0.3	工况点32 （L4.0G2.1）	-3.9
工况点3 （L0.6G0.9）	-3.4	工况点18 （L0.6G2.4）	-0.7	工况点33 （L4.0G2.4）	-4.7
工况点4 （L0.6G1.2）	-1.5	工况点19 （L0.6G2.7）	-0.6	工况点34 （L4.0G2.7）	-4.5
工况点5 （L0.6G1.5）	-1.4	工况点20 （L0.6G3.0）	-0.5	工况点35 （L4.0G3.0）	-3.6
工况点6 （L0.8G0.3）	-2.5	工况点21 （L0.8G1.8）	-0.4	工况点36 （L6.0G1.8）	-4.5
工况点7 （L0.8G0.6）	-2.4	工况点22 （L0.8G2.1）	-0.7	工况点37 （L6.0G2.1）	-3.6
工况点8 （L0.8G0.9）	-2.7	工况点23 （L0.8G2.4）	-0.6	工况点38 （L6.0G2.4）	-4.0
工况点9 （L0.8G1.2）	-3.1	工况点24 （L0.8G2.7）	-0.8	工况点39 （L6.0G2.7）	-3.9
工况点10 （L0.8G1.5）	-1.6	工况点25 （L0.8G3.0）	-0.5	工况点40 （L6.0G3.0）	-3.7
工况点11 （L1.0G0.3）	-2.4	工况点26 （L1.0G1.8）	-0.9	工况点41 （L8.0G1.8）	-4.2
工况点12 （L1.0G0.6）	-2.3	工况点27 （L1.0G2.1）	-0.6	工况点42 （L8.0G2.1）	-3.0
工况点13 （L1.0G0.9）	-3.1	工况点28 （L1.0G2.4）	-0.7	工况点43 （L8.0G2.4）	-4.3
工况点14 （L1.0G1.2）	-2.9	工况点29 （L1.0G2.7）	-0.5	工况点44 （L8.0G2.7）	-4.0
工况点15 （L1.0G1.5）	-1.0	工况点30 （L1.0G3.0）	-0.7	工况点45 （L8.0G3.0）	-4.1

　　分别作出不同流型条件下，偏斜度与不同体积含气率的关系图，如图 5 - 45 ~ 图 5 - 47 所示。

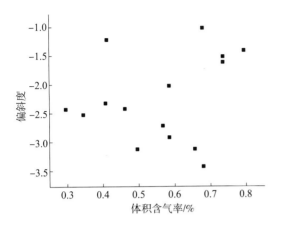

图 5 - 45　分层流偏斜度与体积含气率的关系

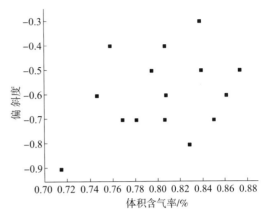

图 5 - 46　波状流偏斜度与体积含气率的关系

　　将三种流型条件下的偏斜度与体积含气率的关系进行对比分析，如图 5 - 48 所示。

　　如图 5 - 48 所示，流动噪声信号偏斜度在不同流型条件下差异明显。分层流流动噪声信号，偏斜度在 - 3.4 ~ - 1.0 以内。波状流流动噪声信号，偏斜度在 - 0.9 ~ - 0.3 以内。泡状流流动噪声信号，偏斜度在 - 4.7 ~ - 2.8 以内。这反映了不同流型条件下，偏斜度不同，声发射系统检测到水平管内信号的偏斜度值能很好地辨识流型，且偏斜度的绝对值随着气体含气率的变化呈现逐步减小的趋势。

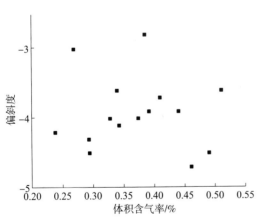

图 5 - 47　泡状流偏斜度与体积含气率的关系

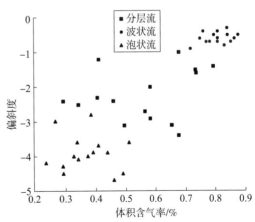

图 5 - 48　不同体积含气率条件下的偏斜度

7. 方差的提取

　　方差是在概率论和统计方差衡量随机变量或一组数据时离散程度的度量。概率论中方差用来度量随机变量和其数学期望（均值）之间的偏离程度。水平管的声发射时域信号问题中，研究方差可以研究该组数据的离散程度。

方差公式如式（5-47）所示：

$$VAR = \frac{1}{n} \left[(x_1 - \bar{x})^2 + (x_2 - \bar{x})^2 + \cdots + (x_n - \bar{x})^2 \right] \qquad (5-47)$$

提取实验室得出的不同工况点条件下的信号值，分别计算分层流、波状流、泡状流的方差值。如表5-14所示。

表5-14　分层流、波状流、泡状流的方差值

分层流实测工况点	分层流方差	波状流实测工况点	波状流方差	泡状流实测工况点	泡状流方差
工况点1 （L0.6G0.3）	0.02	工况点16 （L0.6G1.8）	0.32	工况点31 （L4.0G1.8）	0.02
工况点2 （L0.6G0.6）	0.02	工况点17 （L0.6G2.1）	0.35	工况点32 （L4.0G2.1）	0.14
工况点3 （L0.6G0.9）	0.03	工况点18 （L0.6G2.4）	0.23	工况点33 （L4.0G2.4）	0.13
工况点4 （L0.6G1.2）	0.03	工况点19 （L0.6G2.7）	0.13	工况点34 （L4.0G2.7）	0.16
工况点5 （L0.6G1.5）	0.02	工况点20 （L0.6G3.0）	0.34	工况点35 （L4.0G3.0）	0.25
工况点6 （L0.8G0.3）	0.03	工况点21 （L0.8G1.8）	0.26	工况点36 （L6.0G1.8）	0.23
工况点7 （L0.8G0.6）	0.03	工况点22 （L0.8G2.1）	0.38	工况点37 （L6.0G2.1）	0.33
工况点8 （L0.8G0.9）	0.01	工况点23 （L0.8G2.4）	0.49	工况点38 （L6.0G2.4）	0.11
工况点9 （L0.8G1.2）	0.10	工况点24 （L0.8G2.7）	0.34	工况点39 （L6.0G2.7）	0.21
工况点10 （L0.8G1.5）	0.02	工况点25 （L0.8G3.0）	0.32	工况点40 （L6.0G3.0）	0.09
工况点11 （L1.0G0.3）	0.02	工况点26 （L1.0G1.8）	0.16	工况点41 （L8.0G1.8）	0.11
工况点12 （L1.0G0.6）	0.04	工况点27 （L1.0G2.1）	0.21	工况点42 （L8.0G2.1）	0.11
工况点13 （L1.0G0.9）	0.02	工况点28 （L1.0G2.4）	0.26	工况点43 （L8.0G2.4）	0.17
工况点14 （L1.0G1.2）	0.01	工况点29 （L1.0G2.7）	0.28	工况点44 （L8.0G2.7）	0.15
工况点15 （L1.0G1.5）	0.02	工况点30 （L1.0G3.0）	0.11	工况点45 （L8.0G3.0）	0.21

分别作出不同流型条件下，方差与不同体积含气率的关系图，如图 5 - 49、图 5 - 50、图 5 - 51 所示。

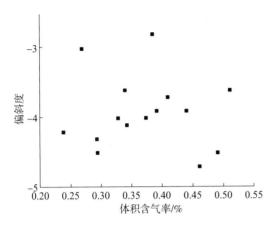

图 5 - 49　分层流方差与体积含气率的关系

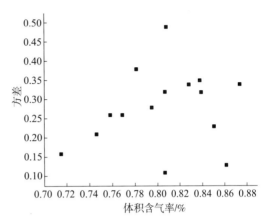

图 5 - 50　波状流方差与体积含气率的关系

将三种流型条件下的方差与体积含气率的关系进行对比分析，对比图如图 5 - 52 所示。

如图 5 - 52 所示，流动噪声信号方差在不同流型条件下差异不明显。不同流型条件下，方差并不能很好地识别不同的流型。

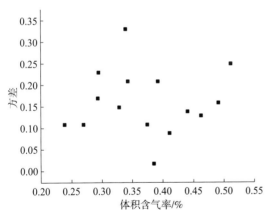

图 5 - 51　泡状流方差与体积含气率的关系

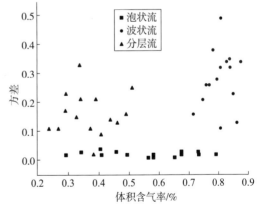

图 5 - 52　不同体积含气率条件下的方差

三、流动噪声频域特性分析

1. 噪声信号频域图分析

对比第三章所述的时域信号，频率信号能够更好地反应噪声特性。所以本章主要利用实验室所采集到声发射信号，经 MATLAB 中的傅里叶变换算法进行分析，得到不同工况点下的频率特征，并根据频谱图中频率变化情况与幅值的分布，进行详细的分析。

具体分析过程：声发射信号在经傅里叶变换后，得到不同工况点条件下，各自的频率特征与相对应的频谱图，频谱图中表示不同的噪声信号的强度与频率之间的关系。通过观察分析声发射的频谱图，可以通过频率的幅值确定信号的强度分布的范围。然后利用小波包分解法对选用的信号预处理，得到相应的能量特征值。

分别随机选取不同流型条件下的三个不同工况点，通过上述操作，得到三个工况点的频域图，如图 5-53~图 5-55 所示。

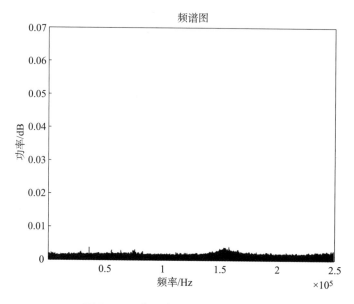

图 5-53　分层流 L0.6G0.12 频域图

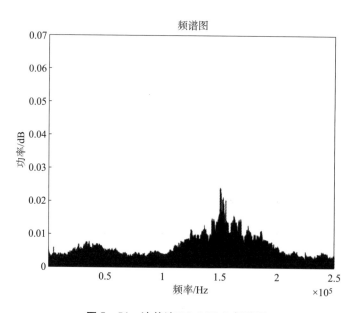

图 5-54　波状流 L0.8G3.0 频域图

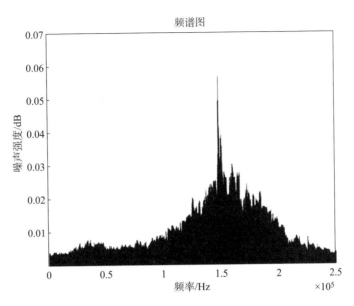

图 5 – 55　泡状流 L6.0G3.0 频域图

对实验中随机三个工况点的频域图进行研究，总结如下：

（1）分层流工况下，水平管内的气液两相流在经过多孔孔板时，偶尔会产生略微明显的振动，反映到频域图上也是偶尔会出现一定的幅值波动，在频域图中基本表现为较为稳定的图形，如图 5 – 53 所示。

（2）波状流工况下，水平管内的气液两相流在经过多孔孔板时，会产生略微明显的振动，反映到频域图上也是会出现一定的幅值波动，在频域图中表现明显，如图 5 – 54 所示。

（3）泡状流工况下，水平管内的气液两相流在经过多孔孔板时，产生明显的振动，采集到的信号幅值随之也会出现明显波动，反映到频域图上也是会出现较大的幅值波动，在频域图中表现十分明显，如图 5 – 55 所示。

通过对比研究，当体积含气率变化时，某一频率范围内的能量值也会产生变化。所以，推测体积含气率的变化可以通过气液两相流的声发射信号在某一频段范围内频率的变化来反映。

2. 噪声信号小波能量分布

小波分析算法随着信号处理技术的发展应运而生。小波分析可以对信号进行变时窗分析，利用宽时窗研究低频成分，窄时窗研究高频成分，使小波分析在时域和频域两方面都表现出良好的分析特性，故适合于声发射信号的分析。此外，小波分析算法可以将信号分解成多个不同频带的分量，通过对不同尺度信号的观测，得到子系统在不同尺度下的流体动力特性。冀海峰和黄志尧提出了一种提取能量特征值的小波分析方法，并将其应用于多相流系统的流型识别。小波分析算法分为以下两种：

1）多分辨分析

20 世纪 80 年代，S. Mallat 等人建立了多分辨分析算法，该思路构建了正交小波基的普遍的简便手段，让小波分析算法有了一定的理论根据。其具体分析算法大致概括为将不同的参数划分为不同的小段，包括信号不同的频率特征，分别挑选不同的信号参数，将最终的特征参数表现出来。

2）小波包分析

多分辨分析具有较高频域的分辨力。为了更为充分地提高频域分辨力，本书引入小波包分析的方法。

小波包分析的波形由三个参数（尺度、频率和位置）决定。以小波包的三层分解为例，小波包的树型结构如图 5 - 56 所示。

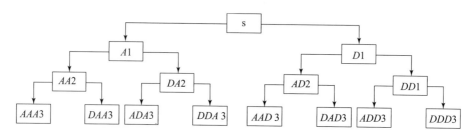

图 5 - 56　小波包树型结构

图中，s 为信号初值，可以用下式表示：

$$\text{s} = AAA3 + DAA3 + ADA3 + DDA3 + AAD3 + DAD3 + ADD3 + DDD3 \qquad (5-48)$$

将 $\varphi(t)$ 定义为正交尺度函数，$\psi(t)$ 则是小波函数：

$$\varphi(t) = \sqrt{2} \sum_k h_{0k} \varphi(2t - k) \qquad (5-49)$$

$$\psi(t) = \sqrt{2} \sum_k h_{1k} \psi(2t - k) \qquad (5-50)$$

式中，h_{0k}、h_{1k} 为滤波器系数。

小波包变换是基于小波的连续演化，弥补了在其发展过程中的缺点。由于小波包基函数具有正交性，小波包变换后的信号可完全保留能量，遵循信号的能量守恒定律，表示为

$$\int_{-\infty}^{+\infty} | f(t) |^2 \mathrm{d}t = \sum_j \sum_k | c_{jk} |^2 \qquad (5-51)$$

式中，c_{jk} 表示小波包系数，不同频率范围内的能量值由不同的小波包系数代替。

图 5 - 57 以小波包三层分解作为示例，论述小波包分解与提取能量特征值的步骤。

图 5 - 57 中总共进行了三层的分解，在信号分解到第三层后，会有 $2^3 = 8$ 个频率段产生，其中，用 (i, j) 表示第 i 层第 j 个节点，所以 $i = 0, 1, 2, 3$；$j = 0, 1, 2, \cdots, 7$。据此定义，第 i 层分解后的重构各等距离频带内得到的信号能量表示为 E_{ij}（$j = 0, 1, 2, \cdots, 2^i - 1$），其代表第 i 层中第 j 个节点处的能量。其表达式如式（5 - 52）所示：

$$E_{ij} = \sqrt{\sum_{k=1}^{N} | S_{ij}(k) |^2} \qquad (5-52)$$

式中，$s_{ij}(k)$ 代表信号在第 i 层第 j 节点处重构系数之后得到的离散点幅值，$k = 0$，1，2，$\cdots$，N；N 为信号重构后的数目。

则总的信号能量表达式为

$$E = \sqrt{\sum_{j=0}^{2^i-1} E_{ij}^2} \qquad (5-53)$$

所以，将利用小波包分解提取能量特征值的步骤总结如下：

（1）对分解后的小波包系数进行求和，并根据相应的分解频率范围对信号进行重构；

（2）根据初始信号频率分布的特点，采用小波包分析，选择合适的阶数对信号进行展开和分解；

（3）计算小波包分解重构信号的各等间隔频率范围的能量 E_{ij} 和总能量 E。

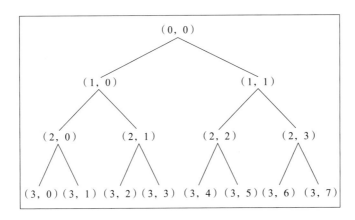

图 5-57　三层小波包分解树型结构

3. 噪声信号能量特征值与体积含气率的关系

经频谱分析得到，在水平管工况条件下，频带 1.2~1.7 kHz 能量变化明显。本书选取 Daubechies 小波基对水平管中气液两相流各典型流型下的流动噪声信号进行 7 层小波包分解，分别得到了 7 层中每层的低频和高频小波系数。运用 MATLAB 对信号进行小波变换提取出小波系数，得到不同条件下的能量特征值。

表 5-15 所示为不同工况点条件下的 ca1 的能量特征值。

表 5-15　不同工况点 **ca1** 的能量特征值

液相流量/ $(m^3 \cdot h^{-1})$	气相流量/ $(m^3 \cdot h^{-1})$	能量特征值	液相流量/ $(m^3 \cdot h^{-1})$	气相流量/ $(m^3 \cdot h^{-1})$	能量特征值
0.60	0.30	816.72	0.80	2.70	2 894.25
0.60	0.60	1 376.55	0.80	3.00	2 964.12
0.60	0.90	1 576.48	1.00	1.80	2 486.21
0.60	1.20	1 684.19	1.00	2.10	2 614.25
0.60	1.50	1 739.11	1.00	2.40	2 689.14
0.80	0.30	798.15	1.00	2.70	2 798.36

续表

液相流量/ ($m^3 \cdot h^{-1}$)	气相流量/ ($m^3 \cdot h^{-1}$)	能量特征值	液相流量/ ($m^3 \cdot h^{-1}$)	气相流量/ ($m^3 \cdot h^{-1}$)	能量特征值
0.80	0.60	1 257.94	1.00	3.00	2 810.36
0.80	0.90	1 520.14	4.00	1.80	581.24
0.80	1.20	1 600.37	4.00	2.10	648.21
0.80	1.50	1 698.21	4.00	2.40	703.61
1.00	0.30	754.28	4.00	2.70	751.06
1.00	0.60	1 043.29	4.00	3.00	789.21
1.00	0.90	1 136.14	6.00	1.80	514.36
1.00	1.20	1 239.48	6.00	2.10	598.61
1.00	1.50	1 273.49	6.00	2.40	662.39
0.60	1.80	2 618.46	6.00	2.70	721.01
0.60	2.10	2 891.05	6.00	3.00	743.69
0.60	2.40	2 987.56	8.00	1.80	481.26
0.60	2.70	3 012.61	8.00	2.10	526.98
0.60	3.00	3 098.34	8.00	2.40	562.11
0.80	1.80	2 548.21	8.00	2.70	601.02
0.80	2.10	2 619.25	8.00	3.00	627.98
0.80	2.40	2 779.21			

分别作出不同流型条件下,能量特征值与体积含气率的变化关系图,然后进行综合对比分析,得到 ca1 不同流型能量特征值的对比。如图 5 - 58、图 5 - 59、图 5 - 60、图 5 - 61 所示。

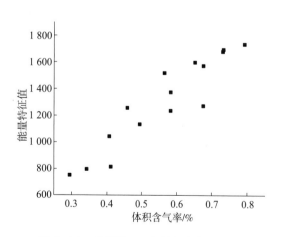

图 5 - 58 分层流 ca1 与体积含气率关系

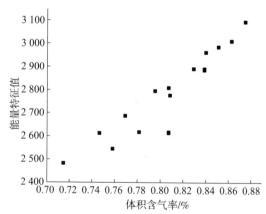

图 5 - 59 波状流 ca1 与体积含气率关系

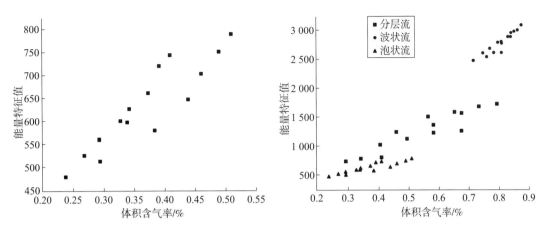

图 5-60　泡状流 ca1 与体积含气率关系　　　图 5-61　ca1 不同流型能量特征值对比

　　经分析可知，流动噪声信号 ca1 的能量特征值在不同流型条件下差异明显。分层流流动噪声信号，能量特征值在 754.28 ~ 1 739.11 以内。波状流流动噪声信号，能量特征值在 2 486.21 ~ 3 098.34 以内。泡状流流动噪声信号，能量特征值在 481.26 ~ 789.21 以内。通过分析不同体积含气率条件下，能量特征值的变化情况，发现 ca1 得到的能量特征值不但能很好地辨识流型，而且随着体积含气率的增大而增大。

　　表 5-16 所示为不同工况点条件下的 cd1 的能量特征值。

表 5-16　不同工况点 cd1 的能量特征值

液相流量/($m^3 \cdot h^{-1}$)	气相流量/($m^3 \cdot h^{-1}$)	能量特征值	液相流量/($m^3 \cdot h^{-1}$)	气相流量/($m^3 \cdot h^{-1}$)	能量特征值
0.60	0.30	835.21	0.80	2.70	2 986.45
0.60	0.60	1 402.15	0.80	3.00	3 016.42
0.60	0.90	1 586.14	1.00	1.80	2 512.69
0.60	1.20	1 679.69	1.00	2.10	2 667.51
0.60	1.50	1 787.94	1.00	2.40	2 681.21
0.80	0.30	816.94	1.00	2.70	2 802.69
0.80	0.60	1 298.64	1.00	3.00	2 852.06
0.80	0.90	1 530.62	4.00	1.80	585.26
0.80	1.20	1 602.39	4.00	2.10	656.71
0.80	1.50	1 706.94	4.00	2.40	722.99
1.00	0.30	786.24	4.00	2.70	735.14
1.00	0.60	1 120.34	4.00	3.00	799.11
1.00	0.90	1 198.67	6.00	1.80	525.67
1.00	1.20	1 287.15	6.00	2.10	556.21
1.00	1.50	1 321.42	6.00	2.40	686.21
0.60	1.80	2 706.24	6.00	2.70	731.06
0.60	2.10	2 893.12	6.00	3.00	745.99

液相流量/ (m³·h⁻¹)	气相流量/ (m³·h⁻¹)	能量特征值	液相流量/ (m³·h⁻¹)	气相流量/ (m³·h⁻¹)	能量特征值
0.60	2.40	2 956.14	8.00	1.80	497.15
0.60	2.70	3 103.51	8.00	2.10	530.24
0.60	3.00	3 231.09	8.00	2.40	579.41
0.80	1.80	2 614.21	8.00	2.70	620.97
0.80	2.10	2 716.24	8.00	3.00	630.99
0.80	2.40	2 851.21	—	—	—

　　分别作出不同流型条件下能量特征值与体积含气率的变化关系图，然后进行综合对比分析，得到 cd1 不同流型能量特征值的对比图，如图 5 - 62 ~ 图 5 - 65 所示。

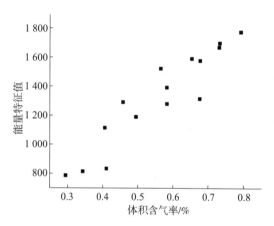

图 5 - 62　分层流 **cd1** 与体积含气率关系

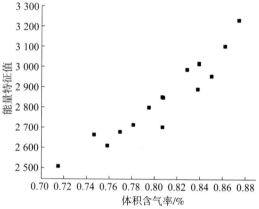

图 5 - 63　波状流 **cd1** 与体积含气率的关系

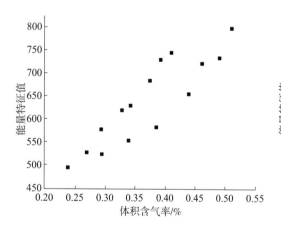

图 5 - 64　泡状流 **cd1** 与体积含气率关系

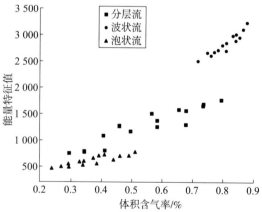

图 5 - 65　**cd1** 不同流型能量特征值对比

　　分析可知，流动噪声信号 cd1 的能量特征值在不同流型条件下差异明显。分层流流动噪声信号，能量特征值在 786.24 ~ 1787.94 以内。波状流流动噪声信号，能量特征值在 2 512.69 ~ 3 231.09 以内。泡状流流动噪声信号，能量特征值在 497.15 ~ 799.11 以内。分析不同体积含气率条件下能量特征值的变化情况，发现 cd1 与 ca1 类似，得到的能量特征值不但能很好地辨识流型，而且随着体积含气率的增大而增大。

　　表 5 - 17 所示为不同工况点条件下的 cd2 的能量特征值。

表 5 - 17　不同工况点 cd2 的能量特征值

液相流量/ ($m^3 \cdot h^{-1}$)	气相流量/ ($m^3 \cdot h^{-1}$)	能量特征值	液相流量/ ($m^3 \cdot h^{-1}$)	气相流量/ ($m^3 \cdot h^{-1}$)	能量特征值
0.60	0.30	100.64	0.80	2.70	1 197.64
0.60	0.60	301.68	0.80	3.00	1 263.54
0.60	0.90	398.25	1.00	1.80	905.16
0.60	1.20	461.29	1.00	2.10	1 073.24
0.60	1.50	486.29	1.00	2.40	1 102.16
0.80	0.30	98.25	1.00	2.70	1 156.24
0.80	0.60	265.98	1.00	3.00	1 206.59
0.80	0.90	298.68	4.00	1.80	80.45
0.80	1.20	324.61	4.00	2.10	101.62
0.80	1.50	338.59	4.00	2.40	216.34
1.00	0.30	90.29	4.00	2.70	286.47
1.00	0.60	200.64	4.00	3.00	316.24
1.00	0.90	269.75	6.00	1.80	80.36
1.00	1.20	291.07	6.00	2.10	102.61
1.00	1.50	309.37	6.00	2.40	189.39
0.60	1.80	1 050.66	6.00	2.70	200.01
0.60	2.10	1 234.05	6.00	3.00	284.69
0.60	2.40	1 387.56	8.00	1.80	81.26
0.60	2.70	1 400.26	8.00	2.10	119.68
0.60	3.00	1 468.26	8.00	2.40	174.11
0.80	1.80	923.29	8.00	2.70	198.02
0.80	2.10	1 015.97	8.00	3.00	247.98
0.80	2.40	1 168.14	—	—	—

　　分别作出不同流型条件下能量特征值与体积含气率的变化关系图，然后进行综合对比分析，得到 cd2 不同流型能量特征值的对比图，如图 5 - 66 ~ 图 5 - 69 所示。

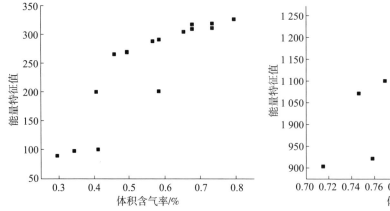

图 5 - 66　分层流 cd2 与体积含气率关系

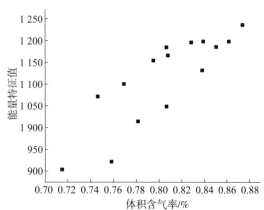

图 5 - 67　波状流 cd2 与体积含气率关系

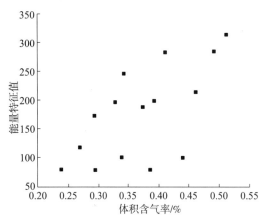

图 5 - 68　泡状流 cd2 与体积含气率的关系

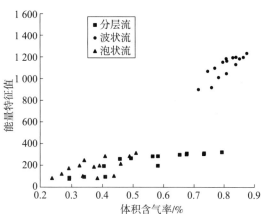

图 5 - 69　cd2 不同流型能量特征值对比

经分析可知，流动噪声信号 cd2 的能量特征值在不同流型条件下差异明显。分层流流动噪声信号，能量特征值在 90.2 ~ 486.29 以内。波状流流动噪声信号，能量特征值在 905.16 ~ 1 468.26 以内。泡状流流动噪声信号，能量特征值在 81.26 ~ 316.24 以内。通过分析不同体积含气率条件下，能量特征值的变化情况，发现 cd2 得到的能量特征值不与体积含气率呈规律性变化且不能很好地辨别流型。

表 5 - 18 所示为不同工况点条件下的 cd3 的能量特征值。

表 5 - 18　不同工况点 cd3 的能量特征值

液相流量/ $(m^3 \cdot h^{-1})$	气相流量/ $(m^3 \cdot h^{-1})$	能量特征值	液相流量/ $(m^3 \cdot h^{-1})$	气相流量/ $(m^3 \cdot h^{-1})$	能量特征值
0.60	0.30	15.64	0.80	2.70	697.64
0.60	0.60	30.68	0.80	3.00	663.54

液相流量/ (m³·h⁻¹)	气相流量/ (m³·h⁻¹)	能量特征值	液相流量/ (m³·h⁻¹)	气相流量/ (m³·h⁻¹)	能量特征值
0.60	0.90	39.25	1.00	1.80	305.16
0.60	1.20	46.29	1.00	2.10	473.24
0.60	1.50	48.29	1.00	2.40	502.16
0.80	0.30	18.25	1.00	2.70	556.24
0.80	0.60	26.98	1.00	3.00	606.59
0.80	0.90	29.68	4.00	1.80	9.45
0.80	1.20	32.61	4.00	2.10	10.62
0.80	1.50	33.59	4.00	2.40	21.34
1.00	0.30	19.29	4.00	2.70	28.47
1.00	0.60	20.64	4.00	3.00	31.24
1.00	0.90	26.75	6.00	1.80	8.36
1.00	1.20	29.07	6.00	2.10	10.61
1.00	1.50	30.37	6.00	2.40	18.39
0.60	1.80	350.66	6.00	2.70	20.01
0.60	2.10	434.05	6.00	3.00	28.69
0.60	2.40	587.56	8.00	1.80	8.26
0.60	2.70	600.26	8.00	2.10	11.68
0.60	3.00	668.26	8.00	2.40	17.11
0.80	1.80	333.29	8.00	2.70	19.02
0.80	2.10	415.97	8.00	3.00	24.98
0.80	2.40	568.14	—	—	—

分别作出不同流型条件下能量特征值与体积含气率的变化关系图，然后进行综合对比分析，得到 cd3 不同流型能量特征值的对比图，如图 5-70~图 5-73 所示。

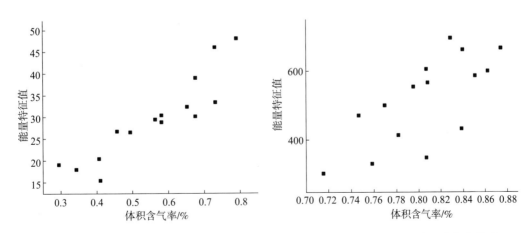

图 5-70　分层流 cd3 与体积含气率关系　　图 5-71　波状流 cd3 与体积含气率关系

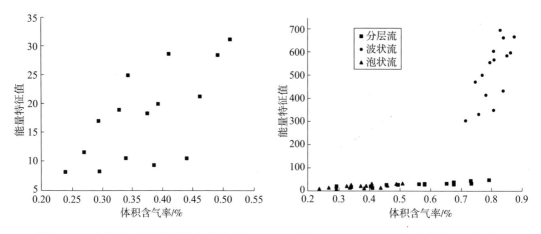

图 5 - 72 泡状流 cd3 与体积含气率关系　　　图 5 - 73 cd3 不同流型能量特征值对比

经分析可知，流动噪声信号 cd3 的能量特征值在不同流型条件下差异明显。分层流流动噪声信号，能量特征值在 15.64 ~ 48.29 以内。波状流流动噪声信号，能量特征值在 305.16 ~ 668.26 以内。泡状流流动噪声信号，能量特征值在 8.26 ~ 31.24 以内。通过分析不同体积含气率条件下能量特征值的变化情况，发现 cd3 得到的能量特征值不与体积含气率呈规律性变化且不能很好地辨别流型。

表 5 - 19 所示为不同工况点条件下的 cd4 的能量特征值。

表 5 - 19　不同工况点 cd4 的能量特征值

液相流量/ $(m^3 \cdot h^{-1})$	气相流量/ $(m^3 \cdot h^{-1})$	能量特征值	液相流量/ $(m^3 \cdot h^{-1})$	气相流量/ $(m^3 \cdot h^{-1})$	能量特征值
0.60	0.30	1.64	0.80	2.70	59.64
0.60	0.60	3.68	0.80	3.00	56.54
0.60	0.90	3.95	1.00	1.80	20.16
0.60	1.20	4.29	1.00	2.10	37.24
0.60	1.50	4.82	1.00	2.40	40.16
0.80	0.30	1.25	1.00	2.70	45.24
0.80	0.60	2.98	1.00	3.00	50.59
0.80	0.90	2.98	4.00	1.80	0.95
0.80	1.20	3.61	4.00	2.10	1.62
0.80	1.50	3.97	4.00	2.40	2.34
1.00	0.30	1.29	4.00	2.70	2.87
1.00	0.60	2.64	4.00	3.00	3.24
1.00	0.90	2.67	6.00	1.80	0.86
1.00	1.20	2.90	6.00	2.10	1.61

续表

液相流量/ ($m^3 \cdot h^{-1}$)	气相流量/ ($m^3 \cdot h^{-1}$)	能量特征值	液相流量/ ($m^3 \cdot h^{-1}$)	气相流量/ ($m^3 \cdot h^{-1}$)	能量特征值
1.00	1.50	3.07	6.00	2.40	1.89
0.60	1.80	25.66	6.00	2.70	2.01
0.60	2.10	33.05	6.00	3.00	2.89
0.60	2.40	48.56	8.00	1.80	0.86
0.60	2.70	50.26	8.00	2.10	1.68
0.60	3.00	56.26	8.00	2.40	1.71
0.80	1.80	23.29	8.00	2.70	1.92
0.80	2.10	31.97	8.00	3.00	2.48
0.80	2.40	46.14	—	—	—

　　分别作出不同流型条件下，能量特征值与体积含气率的变化关系图，然后进行综合对比分析，得到 cd4 不同流型能量特征值的对比图，如图 5 – 74 ~ 图 5 – 77 所示。

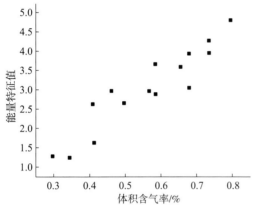

图 5 – 74　分层流 cd4 与体积含气率关系　　　　图 5 – 75　波状流 cd4 与体积含气率关系

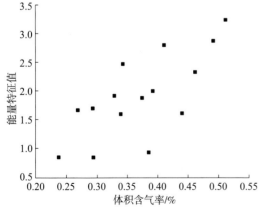

图 5 – 76　泡状流 cd4 与体积含气率的关系

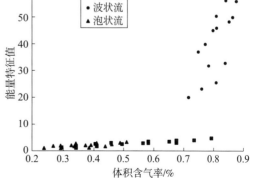

图 5 – 77　cd4 不同流型能量特征值对比

经分析可知,流动噪声信号 cd4 的能量特征值在不同流型条件下差异明显。分层流流动噪声信号,能量特征值在 1.29 ~ 4.82 以内。波状流流动噪声信号,能量特征值在 20.16 ~ 56.26 以内。泡状流流动噪声信号,能量特征值在 0.86 ~ 3.24 以内。通过分析不同体积含气率条件下能量特征值的变化情况,发现 cd4 得到的能量特征值不与体积含气率呈规律性变化且不能很好地辨别流型。

表 5 - 20 所示为不同工况点条件下的 cd5 的能量特征值。

表 5 - 20　不同工况点 cd5 的能量特征值

液相流量/ $(m^3 \cdot h^{-1})$	气相流量/ $(m^3 \cdot h^{-1})$	能量特征值	液相流量/ $(m^3 \cdot h^{-1})$	气相流量/ $(m^3 \cdot h^{-1})$	能量特征值
0.60	0.30	0.44	0.80	2.70	5.64
0.60	0.60	0.68	0.80	3.00	6.54
0.60	0.90	0.95	1.00	1.80	2.16
0.60	1.20	1.29	1.00	2.10	3.24
0.60	1.50	2.82	1.00	2.40	4.16
0.80	0.30	0.25	1.00	2.70	5.24
0.80	0.60	0.98	1.00	3.00	6.59
0.80	0.90	1.28	4.00	1.80	0.25
0.80	1.20	1.61	4.00	2.10	0.62
0.80	1.50	1.97	4.00	2.40	0.94
1.00	0.30	0.29	4.00	2.70	1.47
1.00	0.60	0.64	4.00	3.00	2.24
1.00	0.90	0.67	6.00	1.80	0.26
1.00	1.20	1.90	6.00	2.10	0.61
1.00	1.50	2.07	6.00	2.40	0.89
0.60	1.80	5.66	6.00	2.70	1.01
0.60	2.10	3.05	6.00	3.00	1.89
0.60	2.40	4.56	8.00	1.80	0.26
0.60	2.70	5.26	8.00	2.10	0.68
0.60	3.00	6.26	8.00	2.40	0.71
0.80	1.80	2.29	8.00	2.70	0.92
0.80	2.10	3.97	8.00	3.00	1.48
0.80	2.40	4.14			

分别作出不同流型条件下能量特征值与体积含气率的变化关系图,然后进行综合对比分析,得到 cd5 不同流型能量特征值的对比图,如图 5 - 78 ~ 图 5 - 81 所示。

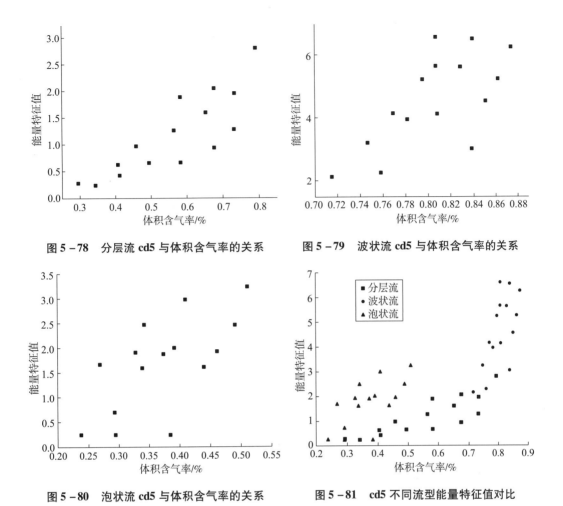

图 5 - 78　分层流 **cd5** 与体积含气率的关系　　　图 5 - 79　波状流 **cd5** 与体积含气率的关系

图 5 - 80　泡状流 **cd5** 与体积含气率的关系　　　图 5 - 81　**cd5** 不同流型能量特征值对比

经分析可知，流动噪声信号 cd5 的能量特征值在不同流型条件下差异明显。分层流流动噪声信号，能量特征值在 0.29～2.81 以内。波状流流动噪声信号，能量特征值在 1.80～6.26 以内。泡状流流动噪声信号，能量特征值在 0.26～2.24 以内。通过分析不同体积含气率条件下能量特征值的变化情况，发现 cd5 得到的能量特征值不与体积含气率呈规律性变化且不能很好地辨别流型。

表 5 - 21 所示为不同工况点条件下的 cd6 的能量特征值。

表 5 - 21　不同工况点 **cd6** 的能量特征值

液相流量/ $(m^3 \cdot h^{-1})$	气相流量/ $(m^3 \cdot h^{-1})$	能量特征值	液相流量/ $(m^3 \cdot h^{-1})$	气相流量/ $(m^3 \cdot h^{-1})$	能量特征值
0.60	0.03	0.03	0.80	2.70	0.41
0.60	0.60	0.08	0.80	3.00	0.50

续表

液相流量/ ($m^3 \cdot h^{-1}$)	气相流量/ ($m^3 \cdot h^{-1}$)	能量特征值	液相流量/ ($m^3 \cdot h^{-1}$)	气相流量/ ($m^3 \cdot h^{-1}$)	能量特征值
0.60	0.90	0.16	1.00	1.80	0.10
0.60	1.20	0.38	1.00	2.10	0.24
0.60	1.50	0.52	1.00	2.40	0.36
0.80	0.30	0.02	1.00	2.70	0.41
0.80	0.60	0.08	1.00	3.00	0.50
0.80	0.90	0.18	4.00	1.80	0.05
0.80	1.20	0.21	4.00	2.10	0.06
0.80	1.50	0.26	4.00	2.40	0.09
1.00	0.30	0.03	4.00	2.70	0.13
1.00	0.60	0.04	4.00	3.00	0.21
1.00	0.90	0.07	6.00	1.80	0.04
1.00	1.20	0.11	6.00	2.10	0.06
1.00	1.50	0.17	6.00	2.40	0.08
0.60	1.80	0.66	6.00	2.70	0.11
0.60	2.10	0.15	6.00	3.00	0.16
0.60	2.40	0.26	8.00	1.80	0.02
0.60	2.70	0.36	8.00	2.10	0.04
0.60	3.00	0.42	8.00	2.40	0.07
0.80	1.80	0.11	8.00	2.70	0.09
0.80	2.10	0.24	8.00	3.00	0.12
0.80	2.40	0.30	—	—	—

分别作出不同流型条件下，能量特征值与体积含气率的变化关系图，然后进行综合对比分析，得到 cd6 不同流型能量特征值的对比图，如图 5 - 82 ~ 图 5 - 85 所示。

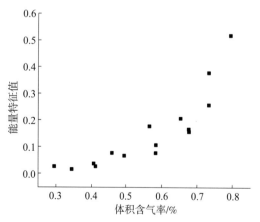

图 5 - 82　分层流 cd6 与体积含气率的关系

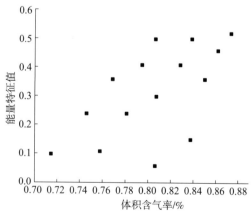

图 5 - 83　波状流 cd6 与体积含气率的关系

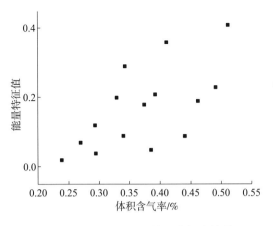

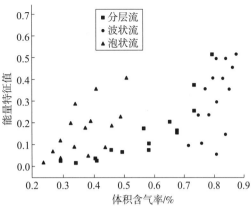

图 5 - 84　泡状流 **cd6** 与体积含气率的关系　　　图 5 - 85　**cd6** 不同流型能量特征值对比

经分析可知，流动噪声信号 cd6 的能量特征值在不同流型条件下差异明显。分层流流动噪声信号，能量特征值在 0.03 ~ 0.52 以内。波状流流动噪声信号，能量特征值在 0.10 ~ 0.42 以内。泡状流流动噪声信号，能量特征值在 0.02 ~ 0.21 以内。通过分析不同体积含气率条件下能量特征值的变化情况，发现 cd6 得到的能量特征值不与体积含气率呈规律性变化且不能很好地辨别流型。

四、体积含气率模型的建立与分析

1. 体积含气率模型的建立

根据前文第三、四章所述，对水平管气液两相流噪声信号的时域图与频域图的详细参数进行分析，得到时域信号中，峭度、偏斜度与体积含气率呈一定的变化关系。频域信号中，ca1 与 cd1 的能量特征值与体积含气率呈一定的变化关系。所以，本书将利用多元非线性回归分析方法，借助 MATLAB 软件，研究体积含气率与如上所述的时域信号与频域信号的函数关系。

将时域信号峭度设置为 x_1，偏斜度设置为 x_2，频域信号 ca1 的能量特征值设置为 x_3，cd1 的能量特征值设置为 x_4，体积含气率设置为 y。

根据多元函数泰勒展开为

$$f(x_1, x_2, \cdots, x_n) = f(x_k^1, x_k^2, \cdots, x_k^n) + \sum_{i=1}^{n} (x^i - x_{k'}^i) f'x_i(x_k^1, x_k^2, \cdots, x_k^n) +$$
$$\frac{1}{n!} \sum_{i,j=1}^{n} (x^i - x_k^i)(x^j - x_k^j) f'_{ij}(x_k^1, x_k^2, \cdots, x_k^n) + o^n \qquad (5-54)$$

4 元函数展开为

$$f(x_1, x_2, x_3, x_4) = f(x_k^1, x_k^2, x_k^3, x_k^4) + \sum_{i=1}^{4} (x^i - x_k^i) f'x_i(x_k^1, x_k^2, x_k^3, x_k^4) +$$
$$\frac{1}{4!} \sum_{i,j=1}^{4} (x^i - x_k^i)(x^j - x_k^j) f'(x_k^1, x_k^2, x_k^3, x_k^4) + o^4 \qquad (5-55)$$

利用矩阵的形式表达为

$$f(x_1,x_2,x_3,x_4) = f(a,b,c,d) + \left[\frac{\partial f}{x_1}(a,b,c,d), \frac{\partial f}{x_2}(a,b,c,d), \frac{\partial f}{x_3}(a,b,c,d), \frac{\partial f}{x_4}(a,b,c,d)\right]$$

$$\begin{bmatrix} x_1-a \\ x_2-b \\ x_3-c \\ x_4-d \end{bmatrix} + \frac{1}{2}[x_1-ax_2-bx_3-cx_4-d] Df(a,b,c,d) \begin{bmatrix} x_1-a \\ x_2-b \\ x_3-c \\ x_4-d \end{bmatrix} + e$$

式中，$Df(a,b,c,d)$ 为

$$Df(a,\ b,\ c,\ d) = \begin{bmatrix} \dfrac{\partial^2 f}{x_1^2} & \dfrac{\partial^2 f}{\partial x_1 \partial x_2} & \dfrac{\partial^2 f}{\partial x_1 \partial x_3} & \dfrac{\partial^2 f}{\partial x_1 \partial x_4} \\[2mm] \dfrac{\partial^2 f}{\partial x_3 \partial x_1} & \dfrac{\partial^2 f}{\partial x_3 \partial x_3} & \dfrac{\partial^2 f}{\partial x_3^2} & \dfrac{\partial^2 f}{\partial x_3 \partial x_4} \\[2mm] \dfrac{\partial^2 f}{\partial x_4 \partial x_1} & \dfrac{\partial^2 f}{\partial x_4 \partial x_3} & \dfrac{\partial^2 f}{\partial x_4 \partial x_4} & \dfrac{\partial^2 f}{\partial x_2^4} \end{bmatrix} \qquad (5-56)$$

根据对上述矩阵进行正则矩阵变换，取部分项自定义多元非线性回归方程为

$$y = a_1 x_1 + a_2 x_1^2 + a_3 x_1^3 + b_1 x_2 + b_2 x_2^2 + b_3 x_2^3 + c_1 x_3 + c_2 x_3^2 + c_3 x_3^3 + d_1 x_4 + d_2 x_4^2 + d_3 x_4^3 + e$$

$$(5-57)$$

式中，a_1、a_2、a_3、b_1、b_2、b_3、c_1、c_2、c_3、d_1、d_2、d_3、e 分别为自定义的 13 个未知参数。根据第三章、第四章的数据，得到峭度、偏斜度、ca1、cd1 四组特征值，分别选取不同流型条件下的 27 组数据进行拟合分析，其他 18 组数据为后续验证模型是否成立做准备。在 MATLAB 软件中自拟程序代码，用来拟合计算自定义多元非线性回归方程，得到拟合曲线，并与真实结果对比，如图 5-86 所示。

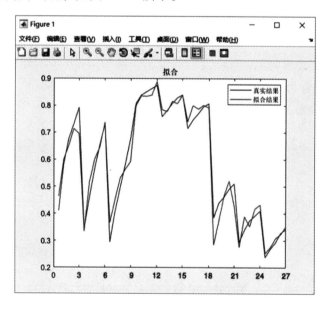

图 5-86　拟合曲线与真实结果对比

通过拟合结果得到 13 个系数分别为 $a_1 = 0.387$、$a_2 = -0.673$、$a_3 = 0.250$、$b = 10.005$、$b_2 = -2.116 \times 10^{-6}$、$b_3 = 3.119 \times 10^{-10}$、$c = 10.071$、$c_2 = -0.01$、$c_3 = -0.005$、$d_1 = -0.003$、$d_2 = 1.525 \times 10^{-6}$、$d_3 = -2.183 \times 10^{-10}$、$e = -0.136$。

得到体积含气率与峭度、偏斜度、ca1、cd1 的关系为

$$y = 0.387x_1 - 0.673x_1^2 + 0.25x_1^3 + 10.005x_2 - 2.116 \times 10^{-6}x_2^2 + 3.119 \times 10^{-10}x_2^3 + 10.071x_3 - 0.01x_3^2 - 0.005x_3^3 - 0.003x_4 + 1.525_2 \times 10^{-6}x_4^2 - 2.183 \times 10^{-10}x_4^3 - 0.136$$

$$(5-58)$$

2. 体积含气率模型的误差分析

对上述所得到的模型进行相对误差分析，得到误差分析图如图 5-87 所示。

根据上述分析可得最后计算的相对误差绝对值最大为 0.24。代入其他各组 18 个工况点对模型进行验证得到相对误差分析图，如图 5-88 所示。

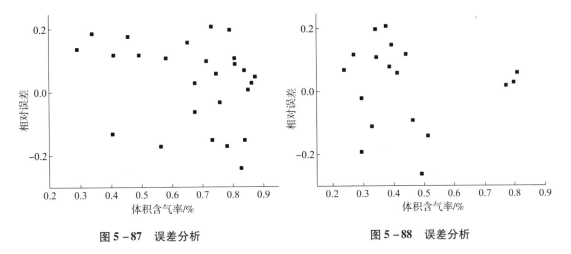

图 5-87　误差分析　　　　　　　图 5-88　误差分析

将其他 18 组代入，可得相对误差最大为 0.26。所以，此模型可以用于计算水平管气液两相流体积含气率与峭度、偏斜度、ca1 能量特征值、cd1 能量特征值的关系。

五、气液两相流测量过程参数

在对水平管气液两相流进行分析时，在流量测量模型中通常用到 L-M 参数、Froude 数和虚高三个参数来描绘水平管内气液两相流的流动状态。三个参数具体内容见本章第二节第三部分。

六、气液两相流测量经验模型

适用于孔板流量计的测量模型具体参见本章第二节第四部分。

七、气液两相流测量结果分析

本书引入平均误差、最大误差和均方根误差来衡量各经验模型对本实验装置的适用性，三种误差的定义式见式（5-35）~式（5-37）：

分别分析计算三种误差，得到经验模型预测两相流量误差对比，反映了几种经验模型的预测效果，如表5-23所示。

表5-23 经验模型预测两相流量误差对比

经验模型	均相流	分相流	Murdock	Lin	Bizon (0.45)	Bizon (0.58)	Bizon (0.70)
平均误差	11.65%	6.56%	25.46%	36.23%	4.58%	12.63%	12.36%
最大误差	28.33%	13.24%	28.65%	38.59%	11.31%	17.35%	16.96%
均方根误差	12.16%	6.12	25.76%	37.31%	5.88%	11.88%	12.02%

从上表5-23可以看出，经过比较，三种误差中Bizon (0.45) 模型的误差均为最小。由此可知，Bizon (0.45) 模型能够比较良好地适用于该试验装置的模型分析。

在本实验工况条件下，管内流型为分层流与波状流时，利用Bizon (0.45) 模型计算得到两相质量流量误差最大不超过3%；但当管内为泡状流流型时，得到误差分布在12%以内，误差比较大。说明此经验模型目前适用于水平管内分层流与波状流。

所以下文将在泡状流流型条件下对Bizon (0.45) 模型进行系数修正。对比泡状流流型条件下两相流量实际值与Bizon (0.45) 模型条件下流量的计算值，得到两者的对应关系，如图5-89所示。

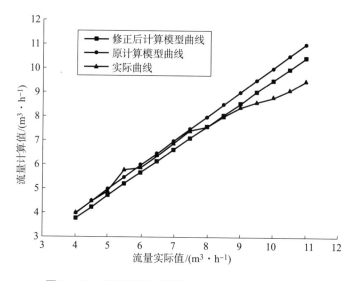

图5-89 实际流量与计算流量对应关系及拟合曲线

从图中可以看出，水平管内气液两相流的实际值与计算值之间存在差异，将通过拟合软件，得到修正后的基础模型，模型表示如下：

$$y = ax^b \qquad (5-59)$$

得到公式中各个系数 $a = 0.95121$，$b = 1$。代入系数得到函数关系式为

$$y = 0.95121x \qquad (5-60)$$

式中，x 为实际流量，单位为 m^3/h；y 为计算流量，单位为 m^3/h。

结合公式（5-37）和（5-59）得到修正后的泡状流流量计算公式为

$$W_{m} = \frac{\varepsilon C \pi \beta^2 D^2 \sqrt{2\rho_g \Delta p_{tp}}}{4.2052 \sqrt{1-\beta^4} \left[1.0372x + 1.0789 (1-x)\sqrt{\dfrac{\rho_g}{p_1}}\right]} \quad (5-61)$$

利用此模型得到泡状流计算质量流量误差分布，如图5-90所示。

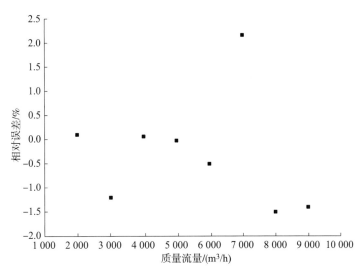

图5-90 泡状流两相质量流量误差分布

由误差分布可以发现，根据修正模型计算公式，两相质量流量的相对误差大多分布在2.0%以内。因此，该修正模型在泡状流条件下的预测效果优于Bizon(0.45) 经验模型[3]。

参 考 文 献

[1] 方立德，张垚，王小杰，等. 新型内外管差压流量计湿气测量模型研究 [J]. 传感技术学报，2013，26（08）：1173-1177.

[2] 杨英昆. 基于多孔孔板的气液两相流声发射信号特性及测量模型研究 [D]. 保定：河北大学，2018.

[3] 陈星彤. 多孔孔板中气液两相流流动噪声特性分析 [D]. 保定：河北大学，2020.